河北省教育厅青年基金项目“装配式建筑钢管混凝土叠合柱套筒连接关键技术”（QN2022179）研究成果

# 装配式建筑构件连接技术

郝光普 著

燕山大学出版社
·秦皇岛·

**图书在版编目（CIP）数据**

装配式建筑构件连接技术 / 郝光普著. —秦皇岛：燕山大学出版社，2023.6
ISBN 978-7-5761-0494-3

Ⅰ. ①装… Ⅱ. ①郝… Ⅲ. ①建筑工程－装配式构件－连接技术 Ⅳ. ①TU7

中国国家版本馆 CIP 数据核字（2023）第 035142 号

**装配式建筑构件连接技术**
ZHUANGPEISHI JIANZHU GOUJIAN LIANJIE JISHU
郝光普 著

**出 版 人：** 陈 玉
**责任编辑：** 张 蕊　　**策划编辑：** 张 蕊
**责任印制：** 吴 波　　**封面设计：** 刘馨泽
**出版发行：** 燕山大学出版社 YANSHAN UNIVERSITY PRESS　　**电　　话：** 0335-8387555
**地　　址：** 河北省秦皇岛市河北大街西段 438 号　　**邮政编码：** 066004
**印　　刷：** 英格拉姆印刷（固安）有限公司　　**经　　销：** 全国新华书店

**开　　本：** 710 mm×1000 mm　1/16　　**印　　张：** 8.5
**版　　次：** 2023 年 6 月第 1 版　　**印　　次：** 2023 年 6 月第 1 次印刷
**书　　号：** ISBN 978-7-5761-0494-3　　**字　　数：** 126 千字
**定　　价：** 34.00 元

# 目　　录

# 第 1 章　装配式建筑的发展及现状

装配式建筑是把传统建造方式中的大量现场作业工作转移到工厂进行，在工厂加工制作好建筑用构件和配件（如楼板、墙板、楼梯、阳台等），运输到建筑施工现场，通过可靠的连接方式在现场装配安装而成的建筑。装配式建筑结构是国内外建筑工业化最重要的生产方式之一，它具有提高建筑质量、缩短工期、节约能源、减少消耗、清洁生产等诸多优点。目前，我国的建筑也借鉴国外经验采用装配整体式的方式，并取得了非常好的效果。装配式建筑主要包括预制装配式混凝土结构、钢结构、现代木结构建筑等，因为采用标准化设计、工厂化生产、装配化施工、信息化管理、智能化应用，是现代工业化生产方式的代表。

## 1.1 装配式建筑发展历程

### 1.1.1 装配式木结构

从年代而言，装配式木结构发展最早，装配式混凝土结构和装配式钢结构起步较迟。后两者的起步和发展基本上处于同时期，起步于现代，发展于当代。

在公元前 200 年左右的汉代，我国的木结构体系就有了初步发展，结构以抬梁式和穿斗式为主。从隋代开始，经历唐代到宋代，木结构逐步发展为标准化、程式化和模数化。特别是宋代的《营造法式》一书，总结出木结构设计原则、加工标准、施工规范等，使木结构建造技艺上了一个较大的台阶。

木结构技术不断发展，在元代出现了“减柱法”，工匠大胆地抽去若干柱子，并用弯曲的木料作梁架构件。明代、清代为了进一步节省木材，木结构建造技艺又有了新发展，明代的《鲁班营造正式》和清代工部的《工程做法则例》是对新的木结构建造技艺的总结。

西欧在 5 世纪开始使用木结构屋架。15 世纪英国改进原有的木屋架及桁架结构，加强了构架的刚性，大大增加了其使用跨度。16 世纪，德国和英国中产阶级的住宅以木结构为主。17 世纪，法国的古典宫殿大多采用木结构。19 世纪，木材丰富的国家（如芬兰）大量营造各类木结构建筑物。

从 20 世纪 70 年代至今，木结构在世界各国发展较快，特别是在欧洲、北美洲和日本等发达国家，木结构的研究与应用得到了较为充分的发展。木结构在北美洲占据房屋住宅较大市场，加拿大在木结构住宅产业中推行标准化、工业化，其配套安装技术很成熟。我国近年来日益重视节能减排，对先进的木结构产品及技术也开始重视，越来越关注木结构建筑（见图 1-1）在我国的应用。

根据各种木材及结构的性能，现代木结构主要分为轻型木结构、重型木结构、混合型木结构三种。轻型木结构主要用于低层的住宅、学校、会所和景观建筑，由小型横截面木料装配成超静定桁架结构，也可用于高层建筑的内部非承重木隔墙、平改坡等；重型木结构主要用于大型商业建筑或公共建筑，由大型断面原木作为结构材料装配成超静定桁架结构；混合型木结构可以用在多层建筑中，其底层用混凝土或砖石建造，上部采用木结构。

**图 1-1　某木结构建筑**

### 1.1.2 装配式混凝土结构与装配式钢结构

美国国会在 1976 年通过了国家工业化住宅建造及安全法案以及严格的行业规范和标准，从此装配式混凝土结构与装配式钢结构住宅在美国开始广泛流行。21 世纪初，美国和加拿大的大城市新建住宅的结构类型以装配式混凝土和装配式钢结构为主，用户可通过标准化、系列化、专业化的产品目录订购住宅用构件和部品，通过电气自动化和机械化实现构件生产的商品化和社会化。

德国在“二战”后开始推行多层装配式住宅，并于 20 世纪 70 年代广泛流行。从开始采用普通的混凝土叠合板、装配式剪力墙结构到近年的零能耗被动式装配建筑，德国形成了强大的混凝土结构装配式建筑产业链，其新建别墅等建筑基本为全装配式钢结构形式。

新加坡自 20 世纪 80 年代以来，为了解决人多地少以及环保节能问题，全国 80% 的住宅采用装配式混凝土结构建造，住宅高度大部分在 15 ～ 30 层。通过单元化布局，达到标准化设计、流水线生产、工业化施工的要求，装配率达到 70%。

我国的装配式混凝土构件在 20 世纪五六十年代起步，当时主要是简单的预制楼板；20 世纪 80 年代后期突然停滞；2010 年左右又重新兴起，并且开始向装配式混凝土建筑体系发展。目前，装配式混凝土剪力墙体系基本成熟并广泛应用于实际工程，其他体系正在研究和推广过程中。截至 2019 年 9 月，全国已有近 40 个装配式混凝土建筑示范城市，200 多个装配式混凝土建筑产业基地，400 多个装配式混凝土建筑示范工程，近 30 个装配式混凝土建筑科技创新基地。

位于烟台市高新区的蓝色金谷（南区）钢结构项目（见图 1-2）分 A、B 两栋，总建筑面积约 75000 m$^2$，地上 22 层，地下 1 层，建筑总高度为 94.2 m，抗震设防烈度为 8 度。该工程为杭萧钢构股份有限公司自主研发的第三代钢结构与钢框架支撑组合体系。该项目正式施工工期为 89 天，建筑装配率近 80%，是山东省装配式钢结构建筑领域排名在前列的公建项目，先后获得了烟台市装配式建筑示范基地、山东省装配式建筑示范基地称号。

图 1-2　蓝色金谷（南区）钢结构项目

广州塔整个塔身是镂空的钢结构框架（见图 1-3），24 根钢柱自下而上呈顺时针扭转，每一个构件截面都在变化。钢结构外框筒的立柱、横梁和斜撑都处于三维倾斜状态，再加上扭转的钢结构外框筒上下粗、中间细，这给钢结构件加工、制作、安装，以及施工测量、变形控制都带来了挑战。仅钢结构外框筒就有 24 根钢柱、46 组环梁、1104 根斜撑。由于广州塔中间混凝土核心筒与钢结构外框筒材料上的差异，形成楼层梁和外框筒的沉降不一致。为了调整钢构件与主体结构的相对位置的正确性，许多节点都通过三维坐标来控制钢柱本体相对位置的精确度。

图 1-3　广州塔

## 1.2 装配式建筑国内外发展现状及趋势

### 1.2.1 装配式建筑的优点

（1）构件都在工厂生产，可以更好地控制质量，也可以节约材料。

（2）构件是标准产品，运到现场就可以直接进行安装，减少现场施工强度，省去了砌筑和抹灰工序，可有效缩短整体工期。

（3）机械化程度增加，减少了现场人员的配备，节约用工成本，利于安全生产。

（4）外挂板中间夹挤塑板，其保温性能较外墙外保温或外墙内保温性能更好。

（5）构件工厂化生产，可减少施工现场的建筑垃圾，利于环保。

（6）叠合板可做楼板底模，外挂板可做剪力墙的一侧模板，可节省周转材料的投入。

（7）装配式建筑的建筑质量高于传统建筑，在耐火性、防火性、隔音保温性等方面有很好的效果，而且污染小、能耗低，符合国家和社会对节能减排的要求，发展前景极为广阔。

### 1.2.2 装配式建筑在国内外的发展趋势

1. 装配式建筑在国外的发展

（1）美国

美国的工业化住宅起源于20世纪30年代，当时是汽车拖车式的、用于野营的汽车房屋。最初作为车房的一个分支业务而存在，主要是为选择迁移、移动生活方式的人提供一个住所。但是在40年代，也就是“二战”期间，野营的人数减少了，旅行车被固定下来，作为临时的住宅。“二战”结束以后，政府担心大量拖车形成贫民窟，不许再用其来做住宅。

20世纪50年代后，人口大幅增长，军人复员，移民涌入，与此同时，军队和建筑施工队也急需简易住宅，美国出现了严重的住房短缺。这种情况下，许多业主又开始购买旅行拖车作为住宅使用。于是政府又放宽了政策，允许使用汽车房屋。同时，受它的启发，一些住宅生产厂家也开始生产外观更像传统住宅，但是可以用大型的汽车拉到各个地方直接安装的工业化住宅。可以说，汽车房屋是美国工业化住宅的一个雏形。

1976 年，美国国会通过了国家工业化住宅建造及安全法案（National Manufactured Housing Construction and Safety Act），同年开始由 HUD 负责出台一系列严格的行业规范标准，一直沿用到今天。除了注重质量，现在的工业化住宅更加注重美观、舒适性及个性化，许多工业化住宅的外观与非工业化住宅外观差别无几。新的技术不断产生，节能方面也是新的关注点。这说明，美国的工业化住宅经历了从追求数量到追求质量的阶段性转变。

据统计，2001 年，美国的工业化住宅已经达到了 1000 万套，占美国住宅总量的 7%，为 2200 万的美国人解决了居住问题。美国工业化住宅中的低端产品—— 活动房屋从 1998 年的最高峰——占总开工数的 23%，下降至 2001 年的 10%。而中高端产品——预制化生产住宅的产量则由 1990 年早期的 60000 套增加到 2002 年的 80000 套，而其占工业化生产的比例也由 1990 年早期的 16% 增加为 2002 年的 30% ～ 40%。

消费者可以选择已设计定型的产品，也可以根据自己的爱好进行设计，对定型设计也可以根据自己的意愿增加或减少项目，体现出了以消费者为中心的住宅消费理念。2001 年，住宅的消费者满意度超过了 65%。

2007 年，美国的工业化住宅总值达到 118 亿美元。在美国，工业化住宅已成为非政府补贴的经济适用房的主要形式，因为其成本还不到非工业化住宅的一半。对于低收入人群和无福利的购房者来说，工业化住宅是其住房的主要备选之一。

帝国大厦（Empire State Building）是竣工于 1931 年 4 月 11 日的高层建筑物（见图 1-4），是美国纽约的地标建筑物之一，位于曼哈顿第五大道 350 号、西 33 街与西 34 街之间。它是保持世界最高建筑地位最久的摩天大楼（1931—1972 年，共 41 年）。帝国大厦楼高 381 m、共 102 层，1951 年增添了高 62 m 的天线，总高度为 443.7 m。该建筑由史莱夫，兰布与哈蒙（Shreve, Lamb & Harmon）建筑公司设计，为装饰艺术风格建筑。

图 1-4 美国帝国大厦

帝国大厦既是一座多功能的写字楼，同时也是纽约市的旅游景点之一，每天有大量游客在该处排队等候登顶观景。

1955 年，美国土木工程师学会将帝国大厦评价为现代世界七大工程奇迹之一；纽约地标委员会将其选为纽约市地标；1986 年该建筑被认定为美国国家历史地标。

（2）欧洲

德国的公共建筑、商业建筑、集合住宅项目大都因地制宜，根据项目特点，选择现浇与预制构件混合建造体系或钢混结构体系建设实施（见图 1-5），并不追求高比例装配率。通过策划、设计、施工各个环节的精细化优化过程，寻求项目的个性化、经济性、功能性和生态环保性能的综合平衡。随着工业化进程的不断发展，建筑业工业化水平不断提升，建筑上采用工厂预制、现场安装的建筑部品愈来愈多，占比愈来愈大。西班牙不同主体为了完成一个项目会经常坐在一张桌子上探讨问题，逐渐形成了某种意义上的联合体。这样的联合体从拿到土地开始一直为项目服务到最后，各个专业之间紧密合作，保证了项目完成的质量和效率。除了以上这种服务模式外，产业链上的有些企业还有意识地向上、下游延伸，成为全产业链企业，将不同企业之间的问题内化为企业内部问题。经过多年发展，西班牙装配式建筑产业链条已经非常成熟，为装配式建筑工程项目建设提供了良好的保证。在西班牙的马德里、巴塞罗那等城市可以看到，完工多年的装配式建筑现在的品质依然非常好。

**图 1-5　德国的预制混凝土建筑**

（3）日本

日本借鉴了欧美的成功经验，在探索预制建筑的标准化设计施工基础上，结合自身要求，在预制结构体系整体性抗震和隔震设计方面取得了突破性进展。日本在装配式建筑的应用上已经达到了相当高的水平，相关标准和规范也已相当完善。在几次大的地震中，装配式建筑都发挥出了其优良的抗震性能，保证了人们的生命财产安全。日本 1968 年提出装配式住宅的概念。在 1990 年的时候，他们采用部件化、工厂化生产方式，提高了生产效率，而且住宅内部结构可变，适应多样化的需求。日本建筑有一个非常鲜明的特点，从一开始就追求中高层住宅的配件化生产体系。这种生产体系能满足日本的人口比较密集的住宅市场的需求，更重要的是，日本通过立法来保证混凝土构件的质量，在装配式住宅方面制定了一系列的方针政策和标准，同时也形成了统一的模数标准，解决了标准化、大批量生产和多样化需求这三者之间的矛盾。

中银胶囊塔（见图 1-6）被认为是现代建筑史上首座真正以胶囊般的建筑模块修建的建筑，它由两座相互连接的大楼组成，总共包含了 140 块预铸建筑模块，每一个模块可以独立更换。这 140 个带有独立圆窗的混凝土立方体，从外形上看，就像一个毫无规则垒起的积木塔。每一个立方体就是一个所谓的“胶囊”，可拆卸组装，里面设施完备，可容纳一人生活。中银胶囊塔被称为“世界上第一座胶囊型集体住宅”。

**图 1-6　中银胶囊塔**

2. 我国装配式建筑发展概况

我国住宅产业化发展历程可分为三个阶段。

第一阶段：20 世纪 50 年代至 80 年代的创建和起步期。20 世纪 50 年代，我国提出向苏联学习工业化建设经验，学习设计标准化、工业化、模数化的方针，在建筑业发展预制构件和预制装配件方面进行了很多关于工业化和标准化的讨论与实践。20 世纪五六十年代开始研究装配式混凝土建筑的设计施工技术，形成了一系列装配式混凝土建筑体系，较为典型的建筑体系有装配式单层工业厂房建筑体系、装配式多层框架建筑体系、装配式大板建筑体系等。20 世纪六七十年代，借鉴国外经验和结合国情，引进了南斯拉夫的预应力板柱体系，即后张预应力装配式结构体系，进一步改进了标准化方法，在施工工艺、施工速度等方面都有了一定的提高。20 世纪 80 年代提出了“三化一改”方针，即设计标准化、构配件生产与工厂化、施工机械化和墙体改造。出现了用大型砌块装配式大板、大模板现浇等住宅建造形式。但由于当时产品单调、造价偏高和一些关键技术问题未解决，建筑工业化综合效益不高。这一时期可以说是在计划经济形式下，政府推动的、以住宅结构建造为中心的时期。

第二阶段：20 世纪 80 年代至 2000 年的探索期。20 世纪 80 年代，住房开始实行市场化的供给形式，住房建设规模空前迅猛，我国工业化在这个阶段做了许多积极意义的探索，例如模数标准与工业化紧密相关。1987 年，我国制定了 GBJ 2—86《建筑模数协调统一标准》，主要用于模数的统一和协调。部品与集成化也开始在 20 世纪 90 年代的住宅领域中出现。这个时期相对主体的工业化，主体结构外的局部工业化较突出。同时，伴随住房体制的改革，人们对住宅产业理论进行了相关研究，主要以小康住宅体系研究为代表。但是这个时期，住宅产业化与房地产建设的发展脱节。

第三阶段：2000 年至今的快速发展期。这个时期关于住宅产业化和工业化的政策和措施相继出台。在政策方面，2006 年原建设部颁布了《国家住宅产业化基地实施大纲》，2008 年开始探索 SI 住宅技术研发和“中日技术集成示范工程”；在装修方面，进一步倡导全装修的推进。近年来，地方政府关于住宅工业化的政策也相继出台，其中北京、上海、深圳、沈阳等城市也专门制定了规范。2013 年 1 月，国家发改委和住建部联合发布了《绿色建筑行动方案》(国办发〔2013〕1 号)，明确将推动建筑工业化作为十大重点任务之一。在大力推动转变经济发展方式，调整产业结构和大力推动节能减排工作的背景下，北京、上海、沈阳、深圳、济南、合肥等城市以保障性住房建设为抓手，陆续出台地方政策。国内的大型房地产开发企业、总承包企业和预制构件生产企业也纷纷行动起来，加大建筑工业化投入。从全国来看，以新型预制混凝土装配式结构快速发展为代表的建筑工业进入了新一轮的高速发展期。这个时期是我国住宅产业真正进入全面推进的时期，工业化进程也在逐渐加快，建筑的绿色化、现代化、智能化水平不断提升（见图1-7～图1-10），但是总体来看，与发达国家的差距还很大。

图1-7　雄安市民服务中心项目

图1-8　上海宝业中心

图 1-9　深圳万科云城项目

图 1-10　上海世博会远大馆

## 1.3 装配式建筑的相关政策

### 1.3.1 国家政策

为贯彻落实习近平生态文明思想和党的十九大精神、推动城乡建设绿色发展和高质量发展、以新型建筑工业化带动建筑业全面转型升级、打造具有国际竞争力的“中国建造”品牌，2020 年 8 月 28 日，住房和城乡建设部等九部门联合印发了《关于加快新型建筑工业化发展的若干意见》。意见提出：要加强系统化集成设计和标准化设计，推动全产业链协同优化构件和部品部件生产，推广应用绿色建材；大力发展钢结构建筑，推广装配式混凝土建筑，推进建筑全装修，推广精益化施工建造；加快信息技术融合发展，大力推广 BIM 技术、大数据技术和物联网技术，发展智能建造；创新组织管理模式，大力推行工程总承包模式，发展全过程工程咨询，建立使用者监督机制；强化科技支撑，培育科技创新基地，加大科技研发力度；加快专业人才培育，培育专业技术管理人才和技能型产业工人；开展新型建筑工业化项目评价；强化项目落地，加大金融、环保、科技推广、评奖评优等方面政策支持。

为深入贯彻国务院办公厅印发的《关于促进建筑业持续健康发展的意见》（国办发〔2017〕19 号）文件精神，响应住房和城乡建设部等多部门联合印发的《关于加快新型建筑工业化发展的若干意见》，提高建筑工业化应用领域专业技术人员的专业知识与技术水平能力，培养符合新型建筑工业化领域发展趋势、满足企业用人需求的优质人才，中国建筑科学研究院有限公司认证中心决定联合北京中培国育人才测评技术中心共同开展建筑工业化应用工程师（装配式建筑设计、装配式建筑施工）专业技术培训及等级考试工作。

中共中央、国务院印发的《关于完整准确全面贯彻新发展理念做好碳达峰碳中和工作的意见》明确提出，在城乡规划建设管理各环节全面落实绿色低碳要求。实施工程建设全过程绿色建造，健全建筑拆除管理制度，杜绝大拆大建。

中共中央、国务院印发的《关于推动城乡建设绿色发展的意见》明确提出：大力发展装配式建筑，重点推动钢结构装配式住宅建设，不断提升构件标准化水平，推动形成完整产业链，推动智能建造和建筑工业化协同发展。

国务院印发的《关于印发2030年前碳达峰行动方案的通知》明确提出：推广绿色低碳建材和绿色建造方式，加快推进新型建筑工业化，大力发展装配式建筑，推广钢结构住宅，推动建材循环利用，强化绿色设计和绿色施工管理，加强县城绿色低碳建设。

中共中央、国务院印发的《关于深入打好污染防治攻坚战的意见》强调：处理好减污降碳和能源安全、产业链供应链安全、粮食安全、群众正常生活的关系，落实2030年应对气候变化国家自主贡献目标，以能源、工业、城乡建设、交通运输等领域和钢铁、有色金属、建材、石化、化工等行业为重点，深入开展碳达峰行动。

国务院办公厅印发《要素市场化配置综合改革试点总体方案》明确提出：支持优质科技型企业上市或挂牌融资。

国务院印发的《关于开展营商环境创新试点工作的意见》提出：选择北京、上海、重庆、杭州、广州、深圳6个城市为首批试点城市，开展营商环境创新试点工作。

国务院办公厅印发的《关于进一步加大对中小企业纾困帮扶力度的通知》明确提出：进一步落实《保障中小企业款项支付条例》，制定保障中小企业款项支付投诉处理办法，加强大型企业应付账款管理，对滥用市场优势地位逾期占用、恶意拖欠中小企业账款行为，加大联合惩戒力度。

在国新办举办的《关于推动城乡建设绿色发展的意见》发布会上，田国民回答记者问时说道："十三五"期间，累计建成装配式建筑面积达16亿$m^2$，年均增长率为54%。其中，2021年新开工装配式建筑占新建建筑的比例达到了20.5%。2020年全国新开工钢结构建筑1.9亿$m^2$，较2019年增长46%，占新开工装配式建筑的比例为30.2%。其中，新开工的钢结构住宅约1200万$m^2$，较2019年增长了33%。

军委后勤保障部下发的《推进军队营区绿色低碳建设指导意见》明确提出：到"十四五"末，新建建筑普遍达到基本级绿色建筑要求，具备条件营区全部实行物业社会化管理、驻城市部队绿地率不低于25%、生活垃圾回收利用率达35%以上。

住房和城乡建设部、应急管理部联合印发《关于加强超高层建筑规划建设管理通知》强调：城区常住人口 300 万人口以下城市严格限制新建 150 m 以上超高层建筑，不得新建 250 m 以上超高层建筑。城区常住人口 300 万以上城市严格限制新建 250 m 以上超高层建筑，不得新建 500 m 以上超高层建筑。实行超高层建筑决策责任终身制。

住房和城乡建设部印发的《绿色建造技术导则（试行）》强调，绿色建造应将绿色发展理念融入工程策划、设计、施工、交付的建造全过程，充分体现绿色化、工业化、信息化、集约化和产业化的总体特征。

住房和城乡建设部正式发布《房屋建筑和市政基础设施工程危及生产安全施工工艺、设备和材料淘汰目录（第一批）》，共淘汰 22 项施工工艺、设备和材料，其中，竹（木）脚手架和现场简易制作钢筋保护层垫块工艺被禁止，门式钢管支撑架被限制。

住房和城乡建设部发布《关于印发危险性较大的分部分项工程专项施工方案编制指南的通知》，内容包含基坑、模板支撑体系、脚手架等九类工程。

住房和城乡建设部办公厅印发的《关于开展第一批城市更新试点工作的通知》明确指出：要因地制宜探索城市更新的工作机制、实施模式、支持政策、技术方法和管理制度，推动城市结构优化、功能完善和品质提升，形成可复制、可推广的经验做法，引导各地互学互鉴，科学有序实施城市更新行动。

国家发改委等十部门印发《全国特色小镇规范健康发展导则》明确提出：大力发展绿色建筑，推广装配式建筑、节能门窗和绿色建材，推进绿色施工。

工业和信息化部、科技部、自然资源部等三部委联合发布的《“十四五”原材料工业发展规划》明确提出：到 2025 年，粗钢、水泥等重点原材料大宗产品产能只减不增。

生态环境部等十八个部门印发的《“十四五”时期“无废城市”建设工作方案》明确提出：大力发展节能低碳建筑，全面推广绿色低碳建材，推动建筑材料循环利用。落实建设单位建筑垃圾减量化的主体责任，将建筑垃圾减量化措施费用纳入工程概算。以保障性住房、政策投资或以政府投资为主的公建项目为重点，大力发展装配式建筑，有序提高绿色建筑占新建建筑的比例。

工业和信息化部印发的《“十四五”工业绿色发展规划》明确提出：坚持

把创新作为第一驱动力，强化科技创新和制度创新，优化创新体系，激发创新活力，加快绿色低碳科技革命，培育壮大工业绿色发展新动能。

民航局发布的《推动民航智能建造与建筑工业化协同发展的行动方案》明确提出要加大装配式建筑应用比例。机场航站区和工作区的建筑按不低于各地装配式建筑实施要求执行。鼓励具备实施条件的直属单位建设项目优先选用装配式方式建造。拓展飞行区装配式应用场景，鼓励在充分论证的基础上采用装配式建造方式。挖掘装配式产业体系资源，充分利用当地装配式构件智能制造生产线及信息化工厂生产机场装配式构件。

### 1.3.2 地方政策

（1）北京

2022 年 4 月 25 日，北京市人民政府办公厅发布的《北京市人民政府办公厅关于进一步发展装配式建筑的实施意见》指出，工作目标：到 2025 年，实现装配式建筑占新建建筑面积的比例达到 55%。实施范围：①新立项政府投资的地上建筑面积 3000 $m^2$ 以上的新建建筑应采用装配式建筑，其中单体地上建筑面积 1 万 $m^2$ 以上的新建公共建筑应采用钢结构建筑。新建地上建筑面积 2 万 $m^2$ 以上的保障性住房项目（包括公共租赁住房、共有产权住房和安置房，下同）应采用装配式建筑。②通过招拍挂文件等方式设定相关要求，商品房开发项目、新建地上建筑面积 2 万 $m^2$ 以上的公共建筑项目、工业用地上的新建厂房和仓库应采用装配式建筑。

（2）山东

2022 年 5 月 8 日，山东省住房和城乡建设厅等部门联合发布的《山东省新型建筑工业化全产业链发展规划（2022—2030）》指出：到 2025 年，全省新开工装配式建筑占城镇新建建筑比例达到 40% 以上。政府投资或国有资金投资建筑工程全面采用装配式建筑，其他项目装配式建筑占比不低于 30%，并逐步提高比例要求。

山东省积极推动建筑产业现代化。研究编制并推广应用全省统一的设计标准和建筑标准图集，推动建筑产品订单化、批量化、产业化。积极推进装配式建筑和装饰产品工厂化生产，建立适应工业化生产的标准体系。大力推广住宅精装修，推进土建装修一体化，推广精装房和装修工程菜单式服务，2017年设区城市新建高层住宅实行全装修，2020年新建高层、小高层住宅淘汰毛坯房。

《山东省绿色建筑与建筑节能发展“十三五”规划（2016—2020年）》明确指出，要强力推进装配式建筑发展，大力发展装配式混凝土建筑和钢结构建筑，积极倡导发展现代木结构建筑，到规划期末，设区城市和县级市装配式建筑占新建建筑的比例分别达到30%、15%。

青岛市积极推进建筑产业化发展。对于装配式钢筋混凝土结构、钢结构与轻钢结构、模块化房屋三类装配式建筑结构体系，棚户区改造、工务工程等政府投资项目要进行先行先试，按装配式建筑设计、建造，并逐步提高建筑产业化应用比例；同时，“争取每个区市先开工一个建筑产业化项目，并将其作为试点示范工程”。

设立建筑节能与绿色建筑发展专项基金：建筑产业现代化试点城市奖励资金基准为500万元。装配式建筑示范奖励基准为100元/$m^2$，根据技术水平、工业化建筑评价结果等因素，相应核定奖励金额；“百年建筑”示范奖励标准为100元/$m^2$。装配式建筑和“百年建筑”示范单一项目奖励资金最高不超过500万元。其中，示范方案批复后拨付50%，通过验收后再拨付50%，资金主要用于弥补装配式建筑增量成本。

（3）西安

2022年2月28日，西安市人民政府印发的《西安市推动智能建造与新型建筑工业化协同发展实施方案》指出：到2025年，全市新开工装配式建筑占新建建筑比例40%以上。新建保障房、公租房等政府投资项目，应充分发挥示范引领作用，带头落实装配式建筑政策要求。鼓励医院、学校等公共建筑优先采用装配式钢结构体系，加快开展钢结构住宅试点。

（4）四川

2022年1月12日，四川省住房城乡建设厅等六部门联合印发的《加快转变建筑业发展方式推动建筑强省建设工作方案》指出：到2025年，新开工装配式建筑占新建建筑40%以上。推动钢结构装配式住宅建设，鼓励医院、学校等公共建筑优先采用钢结构。

（5）河北

《河北省住房和城乡建设“十四五”规划》强调：到“十四五”末，城镇新建绿色建筑占当年新建建筑比例达到100%，新建装配式建筑占当年新建建筑比例达到30%。

河北省住房和城乡建设厅印发的《河北省开展装配式农村住房建设试点工作方案》提出，坚持农户自主、企业自愿、政府支持原则，由农民作为建房主体，由有面向农村地区装配式产品的企业自愿参加，每年建成一批性能优良、样式美观、色彩协调、功能完善、工期优势明显的装配式农村住房。2022年作为试点工作启动年，重点在有面向农村地区装配式产品的生产企业所在县开展试点，由农户自主建设500户以上、具有良好示范效果的装配式农村住房。

试点建设以农户自筹资金为主，通过企业降一点、政府补一点，减轻农户负担。补贴以县级为主，省财政每年安排500万元，采取压年补助方式支持试点建设。2025年底之前稳步推进，使农民群众自主选择新型住房建造方式的意愿显著增强，新建农村住房品质得到有效提升。

该方案明确了河北省开展装配式农村住房建设试点工作的重点任务。

（1）公布企业和产品目录。由企业通过控制成本自愿决定参加试点，并提供设计方案和报价。省住房和城乡建设厅根据企业报名情况和现场调研结果，每年公布参与企业名单和产品目录，方便群众自主选用。

（2）确定试点县。由各市优先选择运距合适、农民意愿强、县级政府工作态度积极的县参加试点。试点县要主动对接参与企业，向群众积极推广性能优良、样式美观、价格合理的装配式住房建设产品。

（3）选择示范户。在群众自愿、不搞强迫的前提下选择示范户，不能引起群众反感，示范农户住房层数为二层及以下。为便于实地参观，达到口口相传、稳步推广的目的，优先选择交通便利的村庄、景区周边的村庄、农户相对较多的村庄开展示范。

（4）组织试点建设。各试点县组织示范农户与企业对接，组织专家对设计方案进行把关，并提供全过程咨询服务。支持参与企业提供菜单式服务，在尊重群众多样化需求的同时，最大程度实现企业规模化生产。试点农房严禁使用大红大绿的建筑色彩以及欧式等西洋化建筑风格。在示范农户办理完建房手续和企业完成产品生产后，抓紧开工建设。

为保证试点工作落实落地，达到试点效果，方案要求，各试点县要制定具体实施方案，明确参与企业名单、示范农户数量、完成时限和支持政策等，并加强对实施方案执行的全过程监督管理。试点建设期间，县级住建部门做好施工工程的质量安全巡查，为企业和农户提供专业技术服务，确保试点农房建设达到预期效果。按照承诺工期完成建设后，由农户组织验收。

## 1.4 装配式建筑发展前景

### 1.4.1 节能减排——符合碳中和政策

装配式建筑把传统建造方式中的大量现场作业工作转移到工厂进行，采用标准化设计、工厂化生产、装配化施工、信息化管理、智能化应用，是实现建筑产品节能、环保、全周期价值最大化可持续发展的新型建筑生产方式，其建筑特点能大幅度规避建筑废弃物的出现，具有明显的节能减排优势。中国建筑节能协会能耗统计专业委员会发布的《中国建筑能耗研究报告（2020）》显示：2018 年全国建筑全过程碳排放总量为 49.3 亿 t，占全国碳排放的 51.3%，其中建材生产阶段的碳排放量为 27.2 亿 t，占全国碳排放的 28.3%，超 90% 来自钢材、水泥和铝材。

相对于传统建筑在施工过程中造成的材料浪费以及粉尘、噪音、建筑垃圾等污染，装配式建筑现场以干法作业为主，可有效减少能源消耗以及环境污染。另外，装配式建筑由于其可拆除的特性还可以实现重复利用。据统计，装配式建筑全过程的碳排放量比传统现浇建筑过程的碳排放量减少 472.23 kg/m²，碳排放量减少了 30% ～ 40%。其中，建造阶段下降约 20%，节能减排效果显著。

政策支持——新建建筑装配式建筑占比。装配式建筑代表新一轮建筑业的科技革命和产业变革方向，既是建造方式的重大变革，也是推进供给侧结构性改革和新型城镇化发展的重要举措，有利于节约资源、提升劳动生产效率和质量安全水平，有利于促进建筑业与信息化工业化深度融合和培育新产业新动能。我国装配式建筑比例和规模化程度较低，与发展绿色建筑的有关要求以及先进建造方式相比还有很大差距。为推动装配式建筑产业发展，国家层面出台了一系列支持政策。2021 年 10 月，国务院发布《2030 年前碳达峰行动方案》，要求大力发展装配式建筑，推广钢结构住宅。《中共中央 国务院关于完整准确全面贯彻新发展理念做好碳达峰碳中和工作的意见》要求大力发展节能低碳建筑。持续提高新建建筑节能标准，加快推进超低能耗、近零能耗、低碳建筑规模化发展。

### 1.4.2 市场需求——潜力大

根据住建部发布的数据，全国装配式建筑新开工建筑面积从 2016 年的 11400 万 $m^2$ 上升至 2019 年的 41800 万 $m^2$，占新建建筑面积比例由 4.97% 提升至 13.40%，预计未来装配式建筑的渗透率将进一步提升。碳中和背景下，中国将大力推广装配式建筑，预计装配式建筑市场潜力巨大。根据广发证券测算，2025 年装配式建筑市场规模将达到 16742 亿元。随着“一带一路”倡议总体规划进程的不断推进，中国的装配式建筑技术除了在国内推广，还可以推广至“一带一路”沿线国家，包括中亚、南洋、西亚和欧洲的一些国家。这些国家大多数是新兴经济体和发展中国家，他们目前正处于经济高速增长时期，有着巨大的基础设施需求。通过和他们的互利合作，中国传统的企业模式不仅能得到转型升级，还会帮助中国装配式建筑企业走出去，获得更广阔的发展空间。2019 年中国新建装配式建筑面积约达 4.5 亿 $m^2$，市场规模也将突破万亿元。到 2025 年中国新建装配式建筑面积将达到 16.51 亿 $m^2$，市场规模将达 3.6 万亿元。在抗疫大战中，武汉火神山和雷神山医院先后拔地而起，让市场充分认识到装配式建筑的效率与优势。随着中国国内疫情形势逐步向好、市场信心回暖，装配式建筑有望迎来高速增长契机。根据现在的经验，装配式建筑每平方米成本比普通建筑每平方米成本高出 100 ～ 200 元。另外，由于现有的技术水平，导致构件的分割和加工不够精细，不能很好地与现场装配统一起来，导致装配式建造速度目前比传统建筑的建造速度慢

30% 左右。

当下的情况是，政策推动着行业在向前发展，各地政府都相应给予了大量补贴。这就要求，在这样一个红利期，需要摸索出我们自己的一套方法和标准，提高精细化、标准化、工业化水平。每个建筑企业从业者或企业都应该抓住这样的机会。因为，随着我们社会人口老龄化问题日趋严重，人口红利消失的时候，劳动力成本增高是必然的趋势。彼时，装配式建筑的优势显现出来，还站在传统建筑行列的企业将因为人力成本高、竞争力减弱等面临更大的生存压力。

乘着装配式建筑发展的东风，享受国家发布的政策补贴。在业界同人的共同努力下，我国建筑业必将迈上绿色化、工业化、信息化、集约化和社会化的高质量发展之路，建筑产业现代化一定会实现。

# 第 2 章　装配式建筑构件连接技术

## 2.1 装配式木结构构件的连接技术概述

### 2.1.1 木结构的特点概述

木结构建筑是指用木材作为承担和传递荷载的建筑构件的建筑物（见图 2-1、图 2-2）。

早在 5000 多年前的石器时代，我国就已出现木构架支承屋顶的半穴居式建筑，后来逐渐在这个基础上发展和形成了具有中国特色的穿斗式和梁架式建筑。西方也从古希腊、古罗马原始木支承结构发展到后来的桁架式木屋架建筑和具有西方特色的木框架填充墙建筑。至今这两种木结构体系仍在东西方的民居中被广泛地传承和采用着。另外，井干式木结构也是中国传统民居木结构建筑的主要类型之一，是以圆木或矩形、六角形木料平行向上层层叠置，在转角处木料端部交叉咬合，形成房屋四壁，形如古代井上的木围栏，是一种不用立柱和大梁的房屋结构。

木材的主要特性是体积密度小、导热系数小、加工方便，有一定的强度和韧性，并能给人以亲切感。随着科学技术的发展，现代木材的防火、防腐、防蛀等技术日臻完善，木材的改性、胶合和结合等技术均有较大提升，木结构已可用于大跨度结构建筑。现今，木结构建筑应用在古建筑的修缮、仿古建筑建造和微量现代木结构建筑。

图 2-1　中国古代木结构建筑实例

图 2-2　中国现代木结构建筑实例

1. 木结构建筑的优缺点

木结构建筑在世界范围内经历了上千年的传承和使用，在使用过程中，人们不断改进木结构的使用功能。总体来说，木结构建筑有如下的优点和缺点。

（1）木结构建筑的优点

①木结构建筑的生产效率高，施工期短。

木结构房屋的施工期大约是传统房屋的 1/2，为开发商提供了最快的资金回笼时间。钢筋混凝土结构的施工期是在 10 ～ 24 个月，木结构建筑的施工工期一般是 3 ～ 4 个月，远远低于钢筋混凝土结构的施工工期。另外，钢筋混凝土结构完工时一般是毛坯房，而木结构完工时可满足马上入住的需求。

②木结构建筑设计灵活，可以实现不同风格的建筑形式。

木结构房屋在房型设计和空间布局方面更灵活，空间改变简便，不必拘泥于传统房屋的形式，不受许多条件的限制，从而为开发商适应市场开发新房型提供极大方便。

③木结构建筑的传导性低，可以实现被动式建筑。

木材是很好的绝缘体，有低传导性，其保温和御寒性能均较好。相比之下，木结构比钢结构的保暖性能好 15% ～ 70%（最低值与最高值），可以为消费者节省用于取暖的电费或煤气费。对开发商来说，这是非常好的卖点。

④木结构建筑取材方便，抗震性能较高。

木材的分布范围比较广泛，从而方便就地取材，曾经是建筑的主要材料。作为一种结构材料，木材的抗震性能明显优于其他材料。木结构很难实现高层、超高层建筑，并且常采用榫卯连接，主结构交错，具有很好的稳定性，所以木结构建筑的抗震性能较高。另外，木材轻质高强，因而下落时重力加速度所产生的能量没有钢筋水泥等建筑材料大，在地震中有很好的生命安全性能。木框架系统的另一个优势是其柔韧性优于其他材料，可以吸收并消散能量。在木结构建筑中，木构件细小、尺寸规范、拼接紧密。大多数的框架由三个部分组成：构成墙壁骨架的垂直墙骨、构成楼板的水平搁栅以及支撑屋顶的椽木或桁架。当木结构建筑墙体由斜撑木板或轻质木基板材作为墙体覆面板时，它具有了侧向抵抗力，进而形成了一个剪力墙系统——轻质、高强且建造效率高。所有部件共同支撑建筑物，使之可以抵抗一定的重力、风力及地震。实践证明，木结构在各种极端的负荷条件下，均表现出其稳定性和结构的完整性，即使强烈的地震使整个建筑脱离其基础，其结构也经常完整无损。木结构韧性大，对于瞬间冲击荷载和周期性疲劳破坏有很强的抵抗能力，具有较佳的抗震性，这一点在许多大震区已得到充分证明。例如在1995年日本的神户大地震中，保留下来的房屋中大部分是木结构的房屋。

（2）木结构建筑的缺点

①木结构房屋易遭受火灾。木材极易着火，且着火后很难扑灭。因此木结构建筑的耐火性极差，微量的火源就可能引起木结构建筑着火，花费很大的精力和财力建造的建筑物，往往因为一把火而毁于一旦。但是木材具碳化效应，遇火灾时，表面会形成炭化层，其低传导性可有效阻止火焰向内蔓延，从而保证整个结构体在一段时间内不受破坏。相比之下，钢结构的极佳热传导性会导致整个钢结构迅速升温、软化、掉落。所以木结构建筑在发生火灾时，要充分地利用木材表面因碳化效应形成的有效灭火时间。

②木结构建筑易受白蚁侵蚀和雨水腐蚀，相比砖石、混凝土建筑的使用年限较短。白蚁喜欢在木材上筑巢，从而会侵蚀木材。当白蚁大量存在时，对木结构建筑的影响可能是致命的。木结构建筑如果遇到长期的阴雨天气，其木结构被雨水浸泡后容易发生腐烂，影响建筑物的使用寿命。

③木结构建筑承载能力有限，不能实现较高、较大的建筑形式。木材本身的抗拉、抗压、抗弯强度均有限，不能实现较高、较大的建筑形式。在长期荷载作用下，随着时间的增长及木材本身材料的降解，其拉伸、压缩、弯曲及剪切等性能逐渐降低，导致木材开裂，或者使木构件的跨中产生过大的挠度，经过长期发展，容易导致木梁弯曲性能不断减弱，甚至消失。

2. 木结构的变力情况

木结构房屋在建设和使用过程中，屋架要承受檩条、椽子、屋梁、屋面板、屋面积雪等的重量，还要承受风对屋面的压力；楼层中的格栅与大梁要承受楼面上人、货物、设备等的重量；柱子要承受从屋架或楼层大梁上传下来的重量。

构件受到荷载（也叫外力）的作用时，其内部就要产生内力，构件内单位截面上产生的内力叫应力。外力是企图改变构件形状或改变其运动状态的一种力，而内力则抵抗这种企图。外力通常以不同的方式作用在构件上，从而引起不同的内力。在实际中，外力引起的内力是很复杂的，受到结构构件的组成形式、构造方法，以及外力的作用方式等因素影响。对于一般木结构构件，可以分为如下四种基本受力情况：

（1）拉力

使构件受到拉长作用的力叫拉力。

木材的顺纹抗拉强度最高，质量较好的杉木或松木做成的标准试件，其抗拉强度可达 100 MPa 左右，它的横纹抗拉强度仅为顺纹抗拉强度的 1.5% ～ 2.5%。木材的斜纹抗拉强度则介于两者之间，而且随着力的方向与木纹方向间角度的增大而很快降低。因此，在木构件中应尽量避免发生横纹拉力或斜纹拉力。另外在受拉构件中如存在着缺口或孔洞时，拉力在截面上的分布往往是很不均匀的（见图 2-3），在缺孔附近的拉力大大超过该截面上的平均拉力，使构件提早被破坏。所以在受拉构件存在缺孔时，不仅减少了抵抗拉力的有效面积，而且降低了木材的抗拉强度。

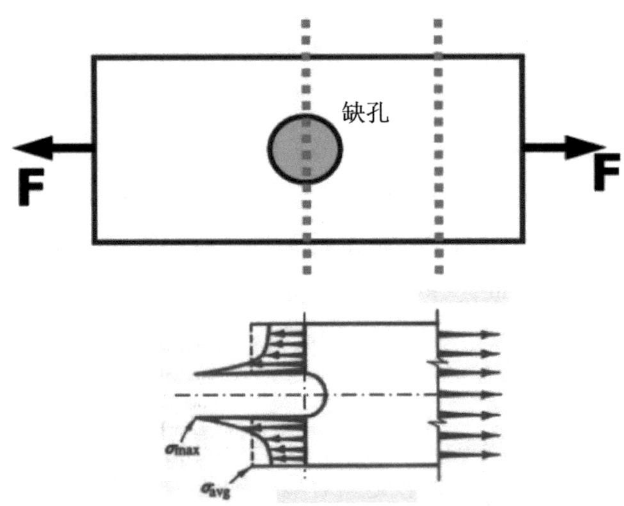


**图 2-3　拉力在缺口或孔洞处的应力分布情况**

木材中总会有木节、裂缝和木纹扭斜等缺陷。当木材受到拉力作用时，木节对抗拉强度的影响最大，因为木节与附近的木纹是不连续的，很难起抵抗拉力的作用。存在着木节，就像存在着缺孔一样，会大大降低木材的抗拉强度。

（2）压力

使构件受到压紧作用的力叫压力。

木材的顺纹抗压极限强度较顺纹抗拉极限强度小，质量较好的杉木或松木，其顺纹抗压强度约为 30 ～ 50 MPa。

木材在受到压力时，木节对抗压极限强度的影响较小，因木材在压力作用下内力的分布较均匀，木节也能承受一些压力。松节或朽节不能很好地承受压力作用，因为松节与周围的组织已经分离，不能很好地承担压力；朽节中的木节已腐朽，更不能承受压力了。

在木结构中常遇到木材的横纹受压和斜纹受压。木材横纹受压强度较低，约为顺纹受压强度的 1/4 ～ 1/6，而且受压时容易变形。斜纹受压的强度和压缩变形则介于顺纹受压和横纹受压之间。

（3）弯矩

当一个构件收到横向作用力时，构件就发生弯曲现象（见图 2-4）。构件弯曲时，在凸出的一面被拉长，产生了拉力；在凹进去的一面被压缩，产生了压力。

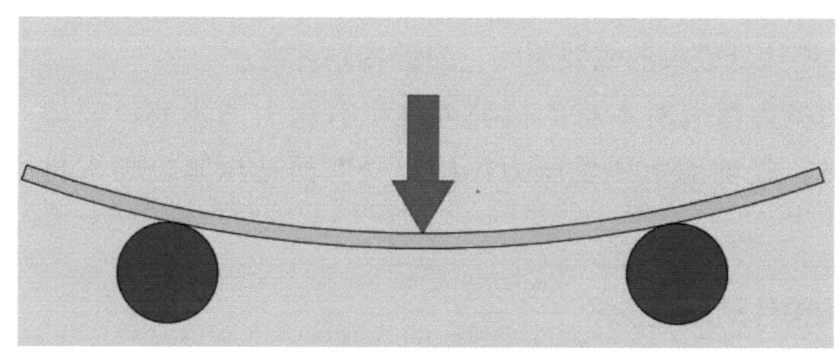

**图 2-4　弯曲现象**

木结构构件弯曲时木材的受力方向是属于顺纹的，在凸出的一面受到顺纹拉力，在凹进去的一面受到顺纹压力。木材抗弯极限强度的大小介于顺纹抗拉极限强度和顺纹抗压极限强度之间。

一般构件受弯时，在它的截面上一半受拉，另一半受压。愈靠近截面边缘的地方，受到的拉力或压力越大；愈靠近截面中心的地方，受的拉力或压力就越小。所以缺孔或木节对抗弯强度的影响除了取决于它们的大小之外，还取决于缺孔和木节的位置。构件上下边椽的木节对构件的抗弯能力影响较大，而位置在构件中心的木节对构件的抗弯能力则影响较小。同时，在前面说过木节对抗拉的影响是很大的，所以位置在受拉区（受弯时凸出的一边）的木节又要比在受压区（受弯时凹进去的一边）的木节对抗弯能力的影响要严重。总的来说，位置在受拉区域边缘的缺孔和木节对抗弯强度的影响最大。所以一般檩条、格栅、大梁等受弯构件中，切忌在它中间一段范围内的下面边缘有较大的缺孔和木节，因为这里受拉力较大，容易损坏。

（4）剪力

构件中一个部分与其他部分之间有相对移动趋势的力叫剪力。

木材的抗剪强度分为顺纹抗剪强度、横纹抗剪强度和横截纹抗剪强度，其中，横纹抗剪强度最低，只有顺纹抗剪强度的一半左右；横截纹抗剪强度最高，可达顺纹抗剪强度的 3 倍。

在木构件连接中应注意木材的顺纹受剪和横纹受剪，其经常是构件连接中的弱点；横截木纹的受剪则很少成为连接破坏的原因，一般可不作过多考虑。

木节的存在和木节附近的斜纹对木材的抗剪强度也有不利的影响。对抗剪强度影响最大的是受剪面附近的裂缝，特别是与受剪面重合的裂缝，常为木结构构件连接处破损的主要原因，应该特别注意。

构件的受力情况对木材的抗剪强度也有很大的影响，例如，在构件受剪力的同时，受剪面上还受压力作用，受剪面被压紧，则木材的抗剪强度会提高。

### 2.1.2 木结构构件的连接技术

因为木材原材料的尺寸有限，制作构件时，往往要将木材接长或拼宽，还有可能需要将杆件互成角度连接，如制作木屋架等。所以，木结构的整体是否稳固，取决于木结构构件界面设计的好坏和构件的连接是否可靠。同时，木结构构件连接的坚固与否影响着结构的承载能力和安全，也影响着建筑结构的使用寿命。因此要合理设计木结构建筑的连接方式，并要求施工正确，避免原则性错误，从而减少和消灭一些质量问题和安全事故。

1. 木结构的连接种类

接长。当构件的长度较大，木材的长度不够时，必须采用两根以上的木材，顺着它们的长度方向连接起来，这叫作接长。例如屋架下弦的拼接和柱子的拼接等。

拼合。当构件需要较大的截面，而一根木材的直径又不够时，就需采用两根以上的木材互相并列拼合起来，这叫作拼合。例如用几根木材组合起来做成的组合梁和组合柱，都属于构件的拼合。

节点结合。节点结合的范围很广。凡是构件相互成角度交会在一起，并加以连接时，即称为节点结合。例如屋架中各个构件间的连接等。

无论接长、拼合或节点结合，都可有各种各样的构造方式。构件的连接按它的构造方式和受力性质又可分为下面5类。

（1）榫结合

榫结合是在被连接的构件中做成榫齿和槽孔直接连接起来的（见图2-5、图2-6）。榫结合中构件的力量是依靠构件间接触面的压紧作用直接由一个构件传给另外一个构件。目前这种连接方法多用在节点结合中。

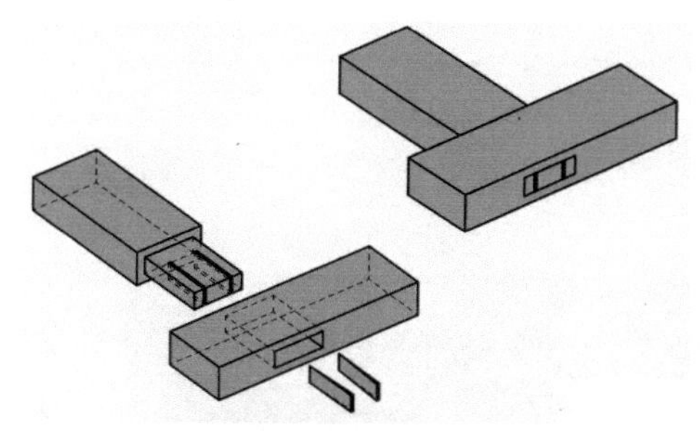

**图2-5　榫结合形式一**

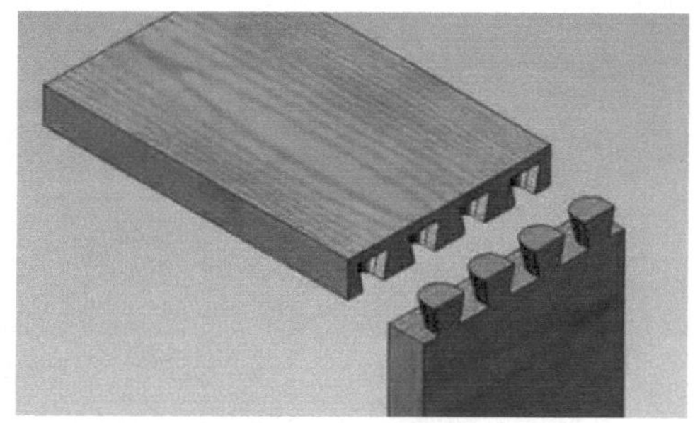

**图2-6　榫结合形式二**

（2）键结合

键结合是用一种称为“键”的连接物把构件连接起来的（见图2-7）。这时候一个构件的力要经过键再传到另一个构件上去，而键本身主要是承受挤压。常用的键为方块形的木键，它多用在构件的拼合中。

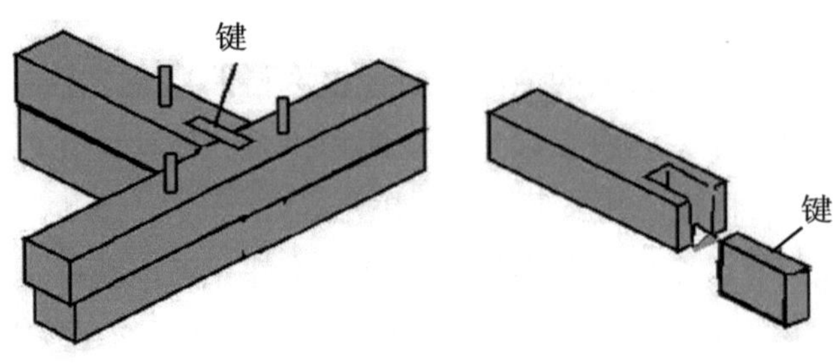


图 2-7　键结合

（3）销结合

销结合是用一种称为“销”的连接物把两个以上的构件连接在一起（见图 2-8），并依靠它来传递力量。因销的本身较细长，故它除在与构件接触的面上受挤压力外，主要还是受弯曲作用。用作销结合的连接物有圆钢销、木板销等。销结合多用在构件的接长和节点结合中；也有用在构件拼合中的，如板销。

图 2-8　销结合

（4）胶结合

用胶把构件胶粘在一起，称为胶结合，它主要是把短小的木材拼合成长的或大的构件。胶结合中的胶粘部分主要是承受剪力，但有些胶粘部分也会受到挤压或拉力。

（5）拉力扣件结合

用连接物把构件连接起来时，如果连接物主要是承受拉力，则称为拉力扣件结合。常用的拉力扣件有螺栓、圆钉、蚂蟥钉和夹板等。拉力扣件结合多用在节点结合中。

2. 木结构连接的质量保证措施

（1）在构件结合范围内要保证较好的木材质量。木材上的木节和裂缝对连接的影响很大，常是连接处损坏的主要原因，因此，对于木材的选取必须要有严格的限制。在结合的受剪面上，不应该有任何裂缝；在结合范围内也不应有较大的木节。关于木节的限制，在第一类（承受拉力的构件）原木中不得大于原木直径的1/5，在第二类（承受压力或弯曲的构件）原木中不得大于原木直径的1/4。如为方木时，木节不得位于边棱上，并且第一类方木的木节不得大于所在面宽度的1/6。第二类方木的木节不得大于所在面宽度的1/4。但木节和裂缝往往是难以避免的，尤其是使用过程中产生的裂缝，在选材时是难以估计到的。所以对于木材缺陷的影响，不仅在选料时要注意，在设计中也要考虑到这一问题。通常在设计中尽量采用数量较多而尺寸较小的连接物，因为连接物数量少时，若其中有一个或几个受到木节或裂缝的影响，就会严重降低连接的承重能力，破坏连接。用尺寸较小而数量较多的连接物，可以减少这种影响引起的危险。

（2）要求连接物的尺寸足够准确，以保证连接的紧密。准确而紧密的连接，一方面可以减少结构物形状的改变和结构的过分下垂，同时又可使连接处受力均匀，符合设计计算的要求。

（3）为了延长木结构的使用期限，对木结构连接构件还有防腐上的要求。防腐的要求可以分为两方面：一是在构造上和施工中注意连接处的通风，保持木材经常干燥，以防止腐烂。譬如屋架的节点不应密封在墙身中，应留些空隙，允许木材中的水分逐渐向外发散，否则就会使节点潮湿，很快腐烂；二是在隐蔽的节点处，特别是与墙身相接触部分，或可能受到雨水浸湿的部分，必须涂刷或浸注防腐剂，以防止木材腐烂。例如屋架高处的节点和露天的结构等都应该注意防腐处理。

## 2.2 装配式钢结构构件的连接技术概述

钢结构是指主要承载构件或体系的组成材料为钢材的结构形式。随着我国经济实力的突飞猛进，与钢筋混凝土结构一样，钢结构已成为目前使用最多、范围最广的结构形式之一。钢结构不但力学性能优于混凝土结构，更具有混凝土结构无法企及的建筑艺术表现力，因此备受青睐，被广泛应用于工业厂房、仓储、高层建筑、高耸建筑及大跨度建筑等。但是因为钢结构存在耐腐性差、耐火性差等致命的缺点，适用范围也受到了一定的限制。

钢结构的绿色环保特性使其在强调“绿色发展”理念的当代具有更广阔的发展前景。随着人们对于环境保护的日益重视、材料学科及理论研究的不断发展，高性能钢材的研发新结构形式及相关理论的研究也将继续深入。针对钢材缺点的研究也始终未停下脚步。未来钢结构建筑必将迈向新的高度。

### 2.2.1 钢结构的特点概述

与建筑结构常用的混凝土、木材、砖石等其他材料相比，钢结构主要具有以下特点。

（1）材料强度高、塑性和韧性好

常用建筑钢材强度一般比常规混凝土、砖石和木材等建筑材料高 10 倍以上。在某些特殊建筑结构上，屈服强度在 500 MPa 以上的高强度钢材不断得到应用，因此钢结构更适用于建造跨度大、高度高和荷载大的结构。

随着冶金技术的不断发展，钢材性能持续稳定和优化，建筑用钢材的塑性较好，屈服后具有较强的变形能力，因此一般不会因为超载而突然断裂破坏，损坏前会发生显著变形，有预警作用。另外，良好的塑性使得钢结构构件具有良好的应力重分布能力，受力更加均匀。

钢材具有良好的韧性，对于动力荷载的适应性较强，适用于长期承受动力荷载的构件和抗震建筑结构。

（2）材质均匀，实际受力情况基本符合力学计算模型

较为成熟的现代冶金技术使人们在钢材冶炼和轧制过程中可以严格控制材料质量，从而使钢材内部组织比较均匀，接近各向均匀的连续介质，成为较为理想的弹塑性体。因此，钢结构的实际受力情况比较符合工程力学计算结果，计算不确定性较小，计算结果较为可靠。

（3）钢结构工业化程度高，施工周期短

钢结构可先在工厂内加工成构件或构件组，然后运往建设现场进行连接

和组装；部分钢结构组件还可先在地面进行拼装，再整体吊装到指定位置进行连接。因此，钢结构的工业化程度高，施工简单快捷，施工周期短，有利于实现建筑产业化。

（4）钢结构的质量较轻

钢材自身容重较大，但因其强度高、结构构件用料少，总重则相对较轻。同等建筑功能的钢结构的重量比混凝土结构的重量小，普通的钢屋架自重一般只有混凝土屋架的 1/4 ～ 1/3，冷弯薄壁型钢屋架自重只约为混凝土屋架的 1/10。对于抗震能力而言，较轻的质量还意味着较小的地震危害，因此钢结构抗震性能优于混凝土结构。

（5）钢结构绿色环保，可实现循环利用

在钢结构的生产和建造过程中，不需要开山采石，也不需要河底挖沙，加工过程无粉尘污染，施工以干作业为主，因此对生态环境和生活环境的破坏和影响小，是绿色环保的结构形式。

另外，在施工过程中钢结构的边角料和拆除的钢构件，能够再次回炉作为炼钢的原材料，不但不产生大量的建筑垃圾，还可实现材料的循环利用。

（6）钢材耐腐蚀性差

暴露在空气中的普通钢材非常容易锈蚀，而钢结构的截面尺寸又较小，锈蚀引起的截面削弱对于构件的影响相对更大，因此钢结构构件往往需要定期维护、刷漆。钢结构对除锈、油漆质量和涂层厚度等均有严格要求，这也造成其建筑造价相对较高。近年来，材料和冶金学科的发展使得各种耐候钢不断出现，与传统钢材相比，它们具有较高的抗锈蚀性能，使得钢结构应用更加广泛。

（7）钢材耐燃但不耐火

钢材在 150 ℃以内的温度环境下，强度和硬度等性能均不会发生明显变化，可以继续作为承载构件使用。但在明火引起的 150 ℃以上的高温环境下，钢材的强度逐渐降低，承载构件必须在专门的防火构造措施下才能继续承载。因此，钢结构需要进行专门的防火设计，而防火涂层和板材构造也使得钢结构建筑的造价升高。

### 2.2.2 钢结构构件的连接技术

1. 焊接

焊接是指用加热、加压等方法把两个金属元件永久连接起来的一种方法，如电弧焊、电阻焊、电气焊等。

（1）焊接工艺过程

焊接结构种类繁多，虽然其制造、用途和要求有所不同，但其所有结构的生产工艺过程都大致相近。

①生产准备。生产准备包括审查与熟悉施工图纸，了解技术要求，进行工艺分析，制定生产工艺流程、工艺文件、质量保证文件，进行工艺评定及工艺方法的确认，原材料及辅助材料的订购，焊接工艺装备的准备等。

②金属材料的预处理。金属材料的预处理包括材料的验收、分类、储存、矫正、除锈、表面保护处理、预落料等工序，以便为焊接生产提供合格的原材料。

③备料及成形加工。备料及成形加工包括划线、放样、号料、下料、边缘加工、冷热成形加工、端面加工及制孔等工序，以便为装配与焊接提供合格的元件。

④装配和焊接。装配和焊接包括欲焊部位的清理、装配、焊接等工序。装配是将制造好的各个元件，采用适当的工艺方法，按安装施工图的要求组合在一起。焊接是指用选定的焊接方法和正确的焊接工艺对组合好的构件进行焊接加工，使之连接成为一个整体，以便使金属材料最终变成所要求的金属结构。装配和焊接是整个焊接结构生产过程中两个最重要的工序。

⑤质量检验与安全评定。在焊接结构生产过程中，产品质量十分重要，质量检验应贯穿于生产的全过程。全面的质量管理必须明确三个基本观点，以此来指导焊接生产的检验工作：一是树立下道工序是用户、工作对象是用户、用户第一的观点；二是树立预防为主、防检结合的观点；三是树立质量检验是全企业每个员工本职工作的观点。

（2）焊接人员资格与要求

钢结构施工单位应具备现行国家标准《钢结构焊接规范》（GB 50661—2011）规定的基本条件和人员资格。

①钢结构焊接有关人员的资格。

焊接技术人员应接受过专门的焊接技术培训，且有一年以上焊接生产或施工实践经验。

焊接技术负责人除应满足上一条的规定外，还应具有中级以上技术职称。承担焊接难度等级为C级和D级焊接工程的施工单位，其焊接技术负责人应具有高级技术职称。

焊接检验人员应接受过专门的技术培训，有一定的焊接实践经验和技术水平，并具有检验人员上岗资格证。

无损检测人员必须由专业机构考核合格，其资格证应在有效期内，并按考核合格项目及权限从事无损检测和审核工作。承担焊接难度等级为C级和D级焊接工程的无损检测审核人员应具备现行国家标准《无损检测人员资格鉴定与认证》（GB/T 9445—2015）中的3级资格要求。

焊工应按所从事钢结构的钢材种类、焊接节点形式、焊接方法、焊接位量等要求进行技术资格考试，并取得相应的资格证书。其施焊范围不得超越资格证书的规定。

焊接热处理人员应具各相应的专业技术，用电加热设备加热时，其操作人员应经过专业培训。

②钢结构焊接有关人员的职责。

焊接技术人员负责组织进行焊接工艺评定，编制焊接工艺方案及技术措施和焊接作业指导书或焊接工艺卡，处理施工过程中的焊接技术问题。

焊接检验人员负责对焊接作业进行全过程的检查和控制，并出具检查报告。

无损检测人员应按设计文件或相应规范规定的探伤方法及标准对受检部位进行探伤，出具检测报告。

焊工应按照焊接工艺文件的要求施焊。

焊接热处理人员应按照热处理作业指导书及相应的操作规程进行作业。

（3）焊接常用方法

①电弧焊。

电弧焊是最常用的熔焊方法之一。焊接原理如图2-9所示。在焊条末端和工件之间燃烧的电弧所产生的高温使药皮、焊芯和焊件熔化。在药皮熔化过程中产生的气体和熔渣不仅使熔池与电弧周围的空气隔绝，而且和熔化了的焊芯、母材发生一系列冶金反应，使熔池金属冷却结晶后形成符合要求的焊缝。

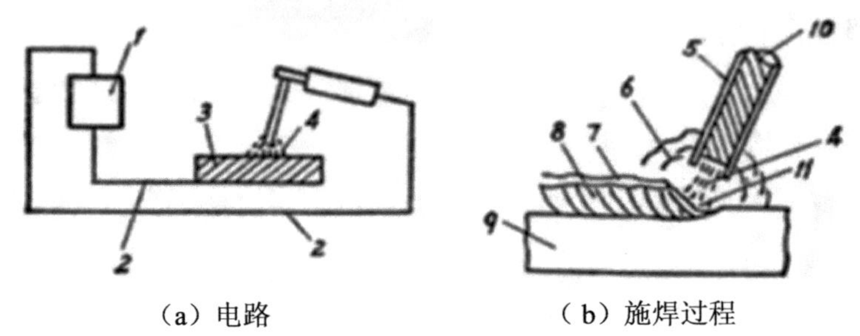


（a）电路　　（b）施焊过程

1—电焊机；2—导线；3—焊件；4—电弧；5—药皮；6—起保护作用的气体；7—熔渣；8—焊缝金属；9—主体金属；10—焊丝；11—熔池

**图 2-9　电弧焊焊接原理图**

电弧焊的优点体现在以下几个方面：

1）设备简单，维护方便。焊条电弧焊可用交流弧焊机或直流弧焊机进行焊接，这些设备都比较简单，购置设备的投资少，而且维护方便。

2）操作灵活。在空间任意位置的焊缝，凡焊条能够达到的地方都能进行焊接。

3）应用范围广。选用合适的焊条可以焊接低碳钢、低合金高强度钢、高合金钢及有色金属。不仅可以焊接同种金属，而且可以焊接异种金属，还可以在普通钢上堆焊具有耐磨、耐腐蚀、高硬度等特殊性能的材料，应用范围很广。

电弧焊的缺点体现在以下几个方面：

1）对焊工要求高。焊条电弧焊的焊接质量，除靠选用合适的焊条、焊接参数及焊接设备外，主要靠焊工的操作技术和经验保证。在相同的工艺设备条件下，技术水平高、经验丰富的焊工更能焊出优良的焊缝。

2）劳动条件差。焊条电弧焊主要靠焊工的手工操作控制焊接的全过程，焊工不仅要完成引弧、运条、收弧等动作，而且要随时观察熔池，根据熔池情况，不断地调整焊条角度、摆动方式和幅度以及电弧长度等。在整个焊接过程中，焊工需要手脑并用、精神高度集中。焊工在有毒的烟尘及金属和金属氧氮化合物的蒸汽、高温环境中工作，劳动条件比较差，需要加强劳动保护。

3）生产效率低。由于焊材利用率不高，熔敷率低，难以实现机械化和自动化，故生产效率低。

②埋弧焊。

图 2-10 是埋弧焊焊接示意图。焊剂由漏斗流出后，均匀地撒在装配好的焊件上，焊丝由送丝机构经送丝滚轮和导电嘴送入焊接电弧区。焊接电源的输出端分别接在导电嘴和焊件上。送丝机构、焊剂漏斗和控制盘通常装在一台小车上，使焊接电弧匀速地向前移动，通过操作控制盘上的开关，就可以自动控制焊接过程。

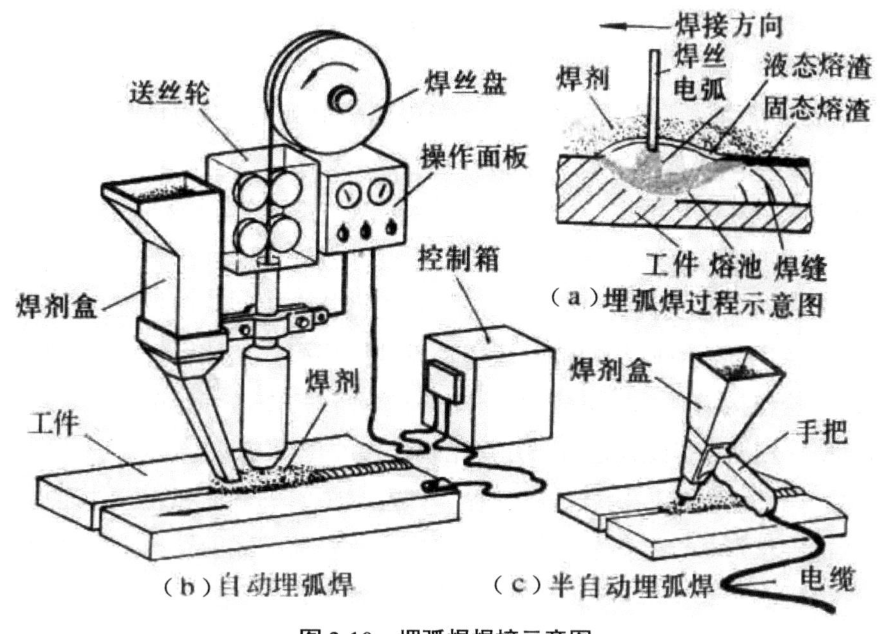


图 2-10　埋弧焊焊接示意图

埋弧焊的优点体现在以下几个方面：

1）生产效率高。埋弧焊可采用比焊条电弧焊较大的焊接电流。埋弧焊使用 4 ～ 4.5 mm 的焊丝时，通常使用的焊接电流为 600 ～ 800 A，甚至可达到 1000 A。埋弧焊的焊接速度可达 50 ～ 80 cm/min，对板厚在 8 mm 以下的板材对接时可不用开坡口。厚度较大的板材所开坡口也比焊条电弧焊所开坡口小，节省了焊接材料，提高了焊接生产效率。

2）焊缝质量好。埋弧焊时，焊接区为气－渣联合保护，保护效果好，使熔池液体金属与熔化的焊剂有较多的时间进行冶金反应，减少了焊接中气孔、夹渣、裂纹等缺陷的产生。

3）劳动条件好。由于实现了焊接过程机械化，操作比较方便，减轻了焊工的劳动强度。而且电弧是在焊剂层下燃烧，没有弧光的辐射，烟尘也较少，改善了焊工的劳动条件。

埋弧焊的缺点体现在以下几个方面：

1）一般只能在水平或倾斜角度不大的位置上进行焊接，其他位置焊接需采用特殊措施以保证焊剂能覆盖焊接区。

2）不能直接观察电弧与坡口的相对位置，如果没有采用焊缝自动跟踪装置，焊缝容易焊偏。

3）由于埋弧焊的电场强度较大，当电流小于 100 A 时，电弧的稳定性不好，因此，薄板焊接较困难。

2. 钢结构的螺栓连接

螺栓连接可分为普通螺栓连接和高强度螺栓连接两种。优点是螺栓连接易于安装，施工进度和质量容易保证，方便拆装维护；缺点是因开孔对构件截面有一定削弱，有时在构造上还需增设辅助连接件，故用料增加，构造较复杂：螺栓连接需制孔，拼装和安装时需对孔，工作量有所增加，且对制造的精度要求较高，但螺栓连接仍是钢结构连接的重要方式之一。

钢结构普通螺栓连接就是将螺栓、螺母、垫圈机械地和连接件连接在一起形成的连接形式。一般受力较大的结构或承受动荷载的结构，应采用精制螺栓，以减小接头变形。由于精制螺栓加工费用较高、施工难度大，工程上极少采用，已逐渐为高强度螺栓所取代。

（1）普通螺栓连接

①普通螺栓连接的形式和规格。

钢结构采用的普通螺栓形式为六角头型，粗牙普通螺纹，其代号用字母 M 与公称直径表示，工程中常用 M16、M20 和 M24。螺栓的最大连接长度随螺栓直径而变化，选用时应控制其不超过螺栓标准中规定的夹紧长度，一般为4～6倍螺栓直径（大直径螺栓取大值，反之取小值。高强度螺栓为5～7倍螺栓直径），即螺栓直径不宜小于1/4～1/6（或1/5～1/7）夹紧长度，以免出现板叠过厚而紧固力不足和螺栓过于细长而受力弯曲的现象，影响连接的受力性能。

另外，螺栓长度还应考虑在螺栓头部及螺母下各设一个垫圈，以及螺栓拧紧后外露丝扣不少于2～3扣。对直接承受动力荷载的普通螺栓应采用双螺母或其他能防止螺母松动的有效措施，如设弹簧垫圈、将螺纹打毛或螺母焊死等。

C级螺栓的孔径比螺栓杆径大1.5～3 mm。具体来讲，M12、M16为1.5 mm；M18、M22、M24为2 mm；M27、M30为3 mm。

②普通螺栓的排列要求。

1）受力要求。螺栓任意方向的中距以及边距和端距均不应过小，以免受力时加剧孔壁周围的应力集中和防正钢板过度削弱而承载力过低，造成沿孔与孔或孔与边间拉断或剪断。当构件承受压力作用时，顺压力方向的中距不应过大，否则螺栓间钢板可能失稳形成鼓曲。因此，从受力的角度规定了最大和最小的容许间距。

2）构造要求。若栓距及线距过大，则构件接触面不够紧密，潮气易于侵入缝隙而发生锈蚀，因此规定了螺栓的最大容许间距。按规范规定，栓孔中心最大间距受压时为12do（do为螺栓孔直径）或18t（t为外层较薄板件的厚度），受拉时为16do或24t，中心至构件边缘最大距离为4do或18t。

3）施工要求。要保证有一定的空间，便于转动螺栓扳手，规定螺栓最小容许间距。螺栓的布置应使各螺栓受力合理，同时要求各螺栓尽可能远离形心和中性轴，以便充分和均衡地利用各个螺栓的承载能力。

③普通螺栓的连接施工。

1）普通螺栓连接施工作业条件。

构件已经安装调校完毕，被连接件表面应清洁、干燥，不得有油（泥）污。高空进行普通紧固件连接施工时，应有可靠的操作平台或施工吊篮，需严格遵守《建筑施工高处作业安全技术规范》。

2）螺栓孔加工。

螺栓连接前，需对螺栓孔进行加工，可根据连接板的大小采用钻孔或冲孔加工。冲孔一般只用于较薄钢板和非圆孔的加工，而且要求孔径一般不小于钢板的厚度。钻孔前，将工件按图样要求画线，检查后打样冲眼。打样冲眼应打大些，使钻头不易偏离中心。在工件孔的位置画出孔径圆和检查圆，并在孔径圆上及其中心冲出小坑。当螺栓孔要求较高，叠板层数较多，同类孔距也较多时，可采用钻模钻孔或预钻小孔，再在组装时扩孔的方法。预钻小孔直径的大小取决于叠板的层数，当叠板少于 5 层时，预钻小孔的直径一般小于 3 mm；当叠板层数大于 5 层时，预钻小孔直径应小于 6 mm。

3）普通螺栓的装配。

普通螺栓的装配应符合下列各项要求：

a. 螺栓头和螺母下面应放置平垫圈，以增大承压面积。

b. 每个螺栓端不得垫两个及以上的垫圈，并不得采用大螺母代替垫圈。螺栓拧紧后，外露丝扣不应小于 2 扣。

c. 对于设计有要求防松动的螺栓、锚固螺栓，应采用有防松装置的螺母（即双螺母）或弹簧垫圈，或用人工方法采取防松措施（如将螺栓外露丝扣打毛）。

d. 对于承受动荷载或重要部位的螺栓连接，应按设计要求放置弹簧垫圈，弹簧垫圈必须设置在螺母一侧。

e. 对于工字钢、槽钢类型钢应尽量使用斜垫圈，使螺母和螺栓头部的支承面垂直于螺杆。

f. 双头螺栓的轴心线必须与工件垂直，通常用角尺进行检验。

g. 装配双头螺栓时，首先将螺纹和螺孔的接触面清理干净，然后用手轻轻地把螺母拧到螺纹的终止处，如果遇到拧不进的情况，不能用扳手强行拧紧，以免损坏螺纹。

h. 螺母与螺栓装配时，螺母或螺钉和接触的表面之间应保持清洁，螺孔内的脏物要清干净。螺母或螺栓与零件贴合的表面要光洁、平整，贴合处的表面应当经过加工，否则容易使连接件松动或使螺栓弯曲。

4）螺栓紧固。

为了使螺栓受力均匀，应尽量减少连接件变形对紧固轴力的影响，保证节点连接螺栓的质量。螺栓紧固必须从中心开始，对称施拧。对拧紧成组的螺母时，必须按照规定的顺序进行，并做到分次序逐步拧紧（一般分 3 次拧紧），否则会使零件或螺杆产生松紧不一致，甚至变形。在拧紧长方形布置的成组螺母时，必须从中间开始，逐渐向两边对称地扩展。在拧紧方形或圆形布置的成组螺母时，必须对称地进行。

5）紧固质量检验。

对永久螺栓拧紧的质量检验常采用锤敲或力矩扳手检验，要求螺栓不颤头和偏移，拧紧的真实性用塞尺检查，对接表面高度差（不平度）不应超过 0.5 mm。对接配件在平面上的差值超过 0.5 ～ 3 mm 时，应对较高的配件高出部分作成 1 ∶ 10 的斜坡，斜坡不得用火焰切割。当高度超过 3 mm 时，必须设置和该结构相同钢号的钢板做成的垫板，并用连接配件相同的加工方法对垫板的两侧进行加工。

6）螺栓放松措施。

为了保证连接安全可靠，对螺纹连接必须采取有效的防松措施。常用的防松措施有增大摩擦力、机械防松和不可拆防松三大类。

a. 增大摩擦力的防松措施。具体措施是使拧紧的螺纹之间不因外载荷变化而失去压力，因而始终有摩擦阻力防止连接松脱。增大摩擦力的防松措施有安装弹簧垫圈和使用双螺母等。

b. 机械防松。此类防松措施是利用各种止动零件，阻止螺纹零件的相对转动来实现的。机械防松较为可靠，故应用较多。常用的机械防松措施有开口销与槽形螺母、止退垫圈与圆螺母、止动垫圈与螺母、串联钢丝等。

c. 不可拆防松措施。利用点焊、点铆等方法把螺母固定在螺栓或被连接件上，或者把螺栓固定应被连接件上，以达到防松的目的。

（2）高强度螺栓

高强度螺栓是钢结构工程中发展起来的一种新型连接形式，它已发展成为当今钢结构连接的主要手段之一，在高层建筑钢结构中已成为主要的连接件。高强度螺栓是用优质碳素钢或低合金钢材料制成的一种特殊螺栓，由于螺栓的强度高，故称高强度螺栓。高强度螺栓连接具有安装简便、迅速，能装能拆，承压高，受力性能好，安全可靠等优点。

①高强度螺栓的分类。

高强度螺栓采用经过热处理的高强度钢材做成，施工时需要对螺栓杆施加较大的预拉力。高强度螺栓从性能等级上可分为 8. 8 级和 10.9 级。根据其受力特征可分为摩擦型高强度螺栓与承压型高强度螺栓两类。根据螺栓构造及施工方法不同，可分为大六角头高强度螺栓、扭剪型高强度螺栓两类。

②高强度螺栓的性能要求。

高强度螺栓和与之配套的螺母和垫圈合称连接副，须经热处理（淬火和回火）后方可使用。高强度大六角头螺栓连接副包括一个螺栓、一个螺母和两个垫圈。扭剪型高强度螺栓连接副包括一个螺栓、一个螺母和一个垫圈。高强度螺栓的性能要求有以下几点。

1）高强度螺栓的规格共有 M12、M16、M18、M20、M22、M24、M27、M30 几种。螺栓、螺母、垫圈均应附有质量证明书，并应符合设计要求和国家标准的规定。高强度螺栓（六角头螺栓、扭剪型螺栓等）、半圆头铆钉等孔的直径应比螺栓杆、钉杆公称直径大 1 ～ 3 mm。螺栓孔应具有 H14（H15）的精度。

2）高强度螺栓按性能等级可分为 8.8 级、10.9 级等。8.8 级仅用于大六角头高强度螺栓，10.9 级用于扭剪型高强度螺栓和大六角头高强度螺栓。制造厂应对原材料（按加工高强度螺栓的同样工艺进行热处理）进行抽样试验，其力学性能应符合规定。当高强度螺栓的性能等级为 8.8 级时，热处理后硬度为 21 ～ 29 洛氏硬度；性能等级为 10.9 级时，热处理后硬度为 32 ～ 36 洛氏硬度。

3）高强度螺栓不允许存在任何淬火裂纹，其表面要进行发黑处理。

4）高强度螺栓连接副必须经过试验，符合规范要求后方可出厂。

5）高强度螺栓的储运应符合以下要求：

a. 存放应防潮、防雨、防粉尘，并按类型和规格分类存放。

b. 长期保管超过 6 个月或保管不善而造成螺栓生锈及沾染脏物等可能改变螺栓的扭矩系数或性能的高强度螺栓，应视情况进行清洗、除锈和润滑等处理，并对螺栓进行扭矩系数或预拉力检验，合格后方可使用。

c. 高强度螺栓连接摩擦面应平整、干燥，表面不得有氧化皮、毛刺、焊疤、油漆和油污等。

③高强度螺栓的连接施工。

高强度螺栓的连接施工需要依据以下工作流程：

作业准备—接头组装—安装临时螺栓—安装高强螺栓—高强螺栓紧固—检查验收。

1）施工作业条件。

a. 钢结构的安装必须根据施工图进行，并应符合《钢结构工程施工质量验收规范》（GB 50205—2001）的规定。施工图应按设计单位提供的设计图及技术要求进行编制。如需修改设计图时，必须取得原设计单位同意，并签署设计更改文件。

b. 施工前，应按设计文件和施工图的要求编制工艺规程和安装施工组织设计（或施工方案），并认真贯彻执行。在设计图、施工图中均应注明所用高强度螺栓连接副的性能等级、规格、连接形式、预拉力、摩擦面抗滑移等级以及连接后的防锈要求。

c. 根据工程特点设计施工操作吊篮，并按施工组织设计的要求加工制作或采购。安装和质量检查的钢尺，均应具有相同的精度，并应定期送计量部门检定。

d. 高强度螺栓连接副施拧前必须对选材、螺栓实物最小载荷、预拉力、扭矩系数等项目进行检验。检验结果应符合国家标准后方可使用。高强度螺栓连接副的制作单位必须按批配套供货，并有相应的成品质量保证书。

e. 高强度螺栓连接副储运应轻装、轻卸，防止损伤螺纹；存放、保管必须按规定进行，防止生锈和沾染污物。所选用材质必须经过检验，符合有关标准。制作厂必须有质量保证书，严格制作工艺流程，用超探或磁粉探伤检查连接副有无发丝裂纹情况，合格后方可出厂。

f. 施拧前进行严格检查，严禁使用螺纹损伤的连接副，对生锈和沾染污物要进行除锈和去除污物。

g. 根据设计有关规定及工程重要性，运到现场的连接副必要时要逐个或批量按比例进行磁粉和着色探伤检查，凡裂纹超过允许规定的，严禁使用。

h. 螺栓螺纹外露长度应为 2 ～ 3 个螺距，其中允许有 10% 的螺栓螺纹外露 1 个螺距或 4 个螺距。

i. 大六角头高强度螺栓，在施工前应按出厂批次复验高强度螺栓连接副的扭矩系数，每批复检 8 套，8 套扭矩系数的平均值范围应在 0.11 ～ 0.15，其标准偏差小于或等于 0.01。

j. 扭剪型高强度螺栓，在施工前应按出厂批次复验高强度螺栓连接副的紧固轴力，每批复检 8 套，8 套紧固预拉力的平均值和标准偏差应符合规定；变异系数应符合规定。

k. 复检不符合规定者，由制作厂家、设计、监理单位协商解决，或作为废品处理。为防止假冒伪劣产品，无正式质量保证书的高强度螺栓连接副，严禁使用。

2）高强螺栓的施工可以采用扭矩法、转角法施工。

a. 扭矩法是根据施加在螺母上的紧固扭矩与导入螺栓中的预拉力之间有一定关系的原理，以控制扭矩来控制预拉力的方法。

b. 转角法施工分初拧和终拧两步进行，此法是用控制螺母的转角来获得规定的预拉力，因不需专用扳手，故简单有效。初拧的目的是消除板缝影响，给终拧创造一个大体一致的基础，初拧扭矩一般为终拧扭矩的 50% 为宜，原则是以板缝密贴为准。

c. 高强螺栓放松措施。垫放弹簧垫圈的可在螺母下面垫一开口弹簧垫圈，螺母紧固后在上下轴向产生弹性压力，可起到防松作用。为防止开口垫圈损伤构件表面，可在开口垫圈下面垫一平垫圈；在紧固后的螺母上面，增加一个较薄的副螺母，使两螺母之间产生轴向压力，同时也能增加螺栓、螺母凸凹螺纹的咬合自锁长度，达到相互制约而不使螺母松动的目的。使用副螺母防松的螺栓，在安装前应计算螺栓的准确长度，待防松副螺母紧固后，应使螺栓伸出副螺母抓的长度不少于 2 个螺距；对永久性螺栓可将螺母紧固后，用电焊将螺母与螺栓的相邻位置，对称点焊 3 ～ 4 处或将螺母与构件相点焊。

d. 螺栓扭矩检验。高强度螺栓连接副扭矩检验含初拧、复拧、终拧扭矩的现场无损检验。检验所用的扭矩扳手的扭矩精度误差应不大于 3%；高强度螺栓连接副扭矩检验分扭矩法检验和转角法检验两种，原则上检验法与施工法应相同。扭矩检验应在施拧后 48 h 内完成。

### 2.2.3 钢结构的应用和发展

1. 钢结构的应用

钢结构因质量轻、强度高、施工快、绿色环保、抗震性能好等优点被广泛应用于工业与民用建筑。随着我国钢产量的增加、冶炼技术的进步及结构设计理论的深入发展，钢结构的应用涉及工业建筑、大跨度公共建筑、高层民用建筑、高耸结构、桥梁及密闭性构筑物。近年来随着轻型钢结构的发展，小型民用房屋中也开始出现钢结构的身影。

目前我国的钢结构主要应用于以下建筑。

（1）工业厂房

钢结构在工业建筑中的应用以厂房结构及仓储结构为主，主要体现钢结构在大跨度和超层高方面的优势。对于荷载和跨度较小的厂房，为了进一步降低自重，往往采用壁厚较薄的冷弯薄壁型钢建成轻型钢结构厂房（见图 2-11）。轻型钢结构厂房常用门式钢架作为主要的承载体系，采用檩条、支撑等辅助构件增强结构的整体性能。

图 2-11　轻型钢结构厂房

随着生产水平的高速发展和生产工艺的改进，厂房更加趋于大型化，其柱距、跨度、高度、起重能力日趋增大，建设周期不断缩短，这些因素都促使钢结构在工业建筑领域的应用不断扩大，例如用于重型工业厂房的建造（见图 2-12）。

**图 2-12　重型钢结构厂房**

（2）大跨度建筑

结构跨度越大，变形越大。为了减小形变，需要增大构件尺寸，这就导致结构自重相应增大。钢结构轻质高强的特点使钢结构建筑构件在相同变形条件下，可以实现截面尺寸较小，从而自重较轻。钢结构相比其他材料的结构形式受力更合理也更经济。大跨度钢结构主要应用于大跨度桥梁、体育馆、音乐厅、影剧院、大型礼堂、航空港等建筑。

国家体育场（鸟巢）坐落于北京市奥林匹克公园建筑群的中央，主体建筑呈空间马鞍椭圆形，由一系列的钢桁架相互支撑，形成网格状，就如同一个由树枝编织成的鸟巢（见图 2-13）。

“鸟巢”外形结构主要由巨大的门式钢架组成，钢结构大量采用由钢板焊接而成的箱形构件，交叉布置的主桁架与屋面及立面的次结构一起形成了“鸟巢”的特殊建筑造型。“鸟巢”结构设计奇特新颖，而这次搭建它的低合金高强度钢（Q460）也有很多独到之处：它在受力强度达到 460 兆帕时才会发生塑性变形，这个强度要比一般钢材大，因此生产难度很大。这是中国国内在建筑结构上首次使用 Q460 规格的钢材；而这次使用的钢板厚度达到 110 mm，是以前绝无仅有的，在中国的国家标准中，Q460 的最大厚度也只是 100 mm。这种钢一般需要从卢森堡、韩国、日本进口，为了给“鸟巢”提供“合身”的 Q460，我国的科研人员开始了长达半年多的科技攻关，前后 3 次试制终于获得成功。2008 年，400 t 自主创新、具有知识产权的国产 Q460 钢材撑起了“鸟巢”的铁骨钢筋。在“鸟巢”顶部的网架结构外表面还贴上一层半透明的膜。使用这种膜后，体育场内的光线不是直射进来的，而是通过漫反射，使光线更柔和，由此形成的漫射光还可解决场内草坪的维护问题，同时也有为座席遮风挡雨的功能。

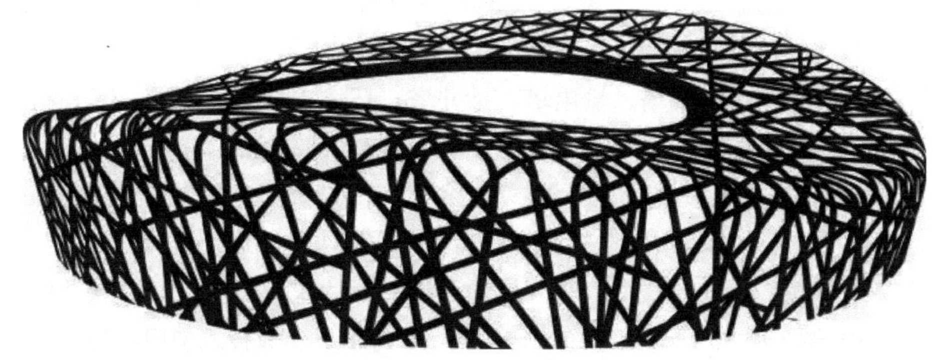

**图 2-13　国家体育场**

南京长江大桥（见图 2-14）位于江苏省南京市鼓楼区下关和浦口区桥北之间，是长江上第一座由中国自行设计和建造的双层式铁路、公路两用桥梁，在中国桥梁史和世界桥梁史上具有重要意义，是中国经济建设的重要成就、中国桥梁建设的重要里程碑，具有极大的经济意义、政治意义和战略意义，有“争气桥”之称。它不仅是新中国技术成就与现代化的象征，更承载了中国几代人的特殊情感与记忆。

南京长江大桥江中正桥为钢桁梁结构，共有 9 墩 10 孔，由 1 孔 128 m 简支钢桁梁和 3 联（3 孔为一联）9 孔跨度各 160 m 连续钢桁梁组成，主桁采用带下加劲弦杆的平行弦菱形桁架，采用悬臂拼装法架设。9 个桥墩基础分别采用重型混凝土沉井、钢沉井加管柱、浮式钢筋混凝土沉井、钢板桩围堰管柱等基础。

**图 2-14　南京长江大桥**

（3）高耸建筑结构

高耸结构包括电视塔、输电塔、钻井塔、环境大气监测塔等，高耸结构采用塔架结构和桅杆结构，从而使建筑物具有较大的高宽比。

东方明珠广播电视塔（见图 2-15），简称“东方明珠”，主体结构高 350 m，总高 468 m，位于上海市浦东新区陆家嘴世纪大道 1 号，地处黄浦江畔，背拥陆家嘴地区现代化建筑楼群，与隔江的外滩万国建筑博览群交相辉映。电视塔于 1991 年 7 月 30 日动工建造，1994 年 10 月 1 日建成投入使用，是集都市观光、时尚餐饮、购物娱乐、历史陈列、浦江游览、会展演出、广播电视发射等多功能于一体的上海市标志性建筑之一。东方明珠广播电视塔塔体采用了内筒外挂整体式自动提升钢平台体系，450 t 重的钢天线桅杆安装采用了倒装法拼装、整体提升一次到位的施工方案，同步控制技术和液压提升工艺属国际先进水平。

图 2-15　东方明珠广播电视塔

（4）多层和高层建筑

冷弯薄壁型钢既可满足承载要求又能减少钢材用量，并且有利于实现建筑标准化和产业化，可用其作为受力较小的多层住宅的承载构件或辅助构件（见图 2-16）。经过多年的应用与发展，已形成了有利于实现标准化、工业化和产业化的装配式轻型住宅体系。冷弯薄壁型钢作为主要受力构件，其壁厚低至 1 mm，使整个建筑用钢量极低，可通过镀锌等工艺提高其耐腐蚀性，同时，可以通过在钢构件外围设置耐火墙板有效地提高其耐火性。

图 2-16　某多层钢结构住宅

（5）抗震要求较高的建筑

钢材的结构特点是强度高、自重轻、刚度大，故适用于建造大跨度和超高、超重型的建筑物（见图 2-17）；又因为钢材的塑性、韧性好，可有较大变形，能很好地承受动力荷载，匀质性和各向同性好，属理想弹性体，最符合一般工程力学的基本假定，因此抗震性能较好。

满足同等建筑要求的钢结构自重小于混凝土结构自重；同时钢结构的延性比混凝土大，耗能效果好，所以钢结构建筑的抗震性能优于混凝土结构建筑，更适用于抗震要求高的建筑。

图 2-17　某钢结构框架建筑物

（6）存储和输配送结构

采用焊接连接的钢结构，水密性、气密性及耐腐蚀性能较好，因此在油罐、天然气输送管道、煤气柜等燃料存储和输配送结构中使用较多。

图 2-18 是某工业厂区粉煤灰储存罐，是能够把物料输送到各个位置的储存装置，该储存罐仓体安装方便，安全可靠，是各种搅拌站理想的散装储存罐。这种储存罐在我国鞍钢等特大型钢铁厂中常有配置，是重要的基础设施。

图 2-18　某工业厂区粉煤灰储存罐

（7）便于拆卸和移动的结构

钢结构的拼装及拆卸较为方便快捷，可反复拆装、重复使用。因此在需要拆卸和移动的临时性结构中使用较多，如工地临时用房（见图 2-19）、灾区临时住房、塔式起重机身、龙门起重机等。

图 2-19　某工地的活动板房

（8）组合结构

钢结构与钢筋混凝土结构各有优势，将二者巧妙组合可以充分发挥各自优势。钢与混凝土的组合包含两个层面：一是构件层面的组合，通常称为组合结构；另一种是结构层面的组合，通常称为混合结构。构件层面的组合指结构的承载构件由型钢和混凝土两种材料构成。目前常见的组合结构有型钢（劲性）混凝土构件（型钢位于构件内部，混凝土包覆于型钢外侧）、钢管混凝土构件（圆形或方形钢管内浇筑混凝土）、压型钢板与混凝土组合楼板、钢板与混凝土组合梁、钢板剪力墙等。

2. 钢结构在我国的发展

改革开放 40 多年来，我国钢结构得到空前的发展，虽然耐火性与耐久性差等缺点使得钢结构在应用上存在一定的局限，但良好的力学性能、巨大的产业化潜力及突出的环保优势仍使其具有广阔的发展前景。未来钢结构的发展主要体现在材料、结构形式及设计理论等几个方面。

（1）发展高性能钢材

随着高层及超高层建筑、大跨度工业厂房、城市高架桥和大型桥梁等现代结构形式对承载能力要求的不断提高，对钢材力学性能、工艺性能和耐久性能等也有了更高的要求，因此高性能钢材应运而生。所谓高性能钢材是指在强度、塑性、韧性、可焊性、抗腐蚀性、耐候性、耐火性等方面优于传统钢材的特殊钢材。高强度钢材是指具有高强度（强度等级≥ 460 MPa ）、良好延性、韧性及加工性能的结构钢材，是高性能钢材中的一种。

近年来，新的钢材生产工艺大幅度提高了钢材的强度和加工性能，同时，与超高强度钢材（强度标准值为 460 ～ 1100 MPa）相匹配的具有足够强度、良好韧性和延性的焊缝金属材料和焊接技术也已经比较成熟，完全能够满足构件的加工制作要求，这使得超高强度钢材应用于钢结构成为可能。高强钢结构在结构受力性能、建筑使用功能及社会经济和环保效益等方面具有显著优势，不仅能够进一步提高结构的安全性和可靠性，而且可以创造更大的建筑使用空间，实现更灵活的建筑表现。同时能够节约建筑工程总成本，降低能耗和不可再生资源消耗量及碳排放量，符合我国可持续发展战略及节能环保型社会的创建，属于绿色环保型建筑体系。

目前我国高性能钢材发展滞后面临的问题主要有3个方面：一是钢厂及研究单位对新钢种的相关试验数据不足，导致高性能钢还没有纳入相应的规范和标准；二是建筑和桥梁设计者对新钢种认识不足，只能按照旧指标选用钢材；三是相应配套的焊接工艺和焊接材料复杂，焊接接头存在力学性能不高、焊接热影响区软化等问题。

（2）采用新的结构形式

随着建筑及构筑物的跨度、高度、使用功能等的不断增加，对结构性能的要求也越来越高，传统的结构形式已不能完全满足增长的性能要求，亟须探索力学性能更好、性价比更高、更环保的新型结构。

广义组合结构是指将不同材料或构件组合在一起的结构形式，在设计时将不同材料和构件的性能同时纳入整体进行考虑，以最有效地发挥各种材料和构件的优势，获得更好的结构性能和综合效益。钢与混凝土是两种性质截然不同的材料，它们的结合可以取长补短、相互协作，同时发挥各自优势，将会带来良好的结构性能。目前二者在节点构件、结构层面都有合理的组合。

钢管混凝土结构是在薄壁钢管（圆管或方管）灌注混凝土，在承受竖向压力作用下，钢管环向受拉，给内部混凝土提供侧向紧箍力，使混凝土产生三向受压应力状态，从而提高构件的强度和塑性；型钢混凝土则是在钢筋混凝土构件内部加入型钢，型钢不但能承受较大的轴向压应力，而且在混凝土包裹下不易发生失稳破坏，在充分利用型钢强度的同时有效降低柱截面尺寸和轴压比。钢板剪力墙是在传统混凝土剪力墙中间加入整片钢板，通过有效连接措施使钢板与混凝土墙体共同受力，提高剪力墙的承载能力。钢框架-钢筋混凝土核心筒则是在结构层面的组合应用，利用钢筋混凝土核心筒的刚度优势和钢框架的承载力优势共同受力，可提供良好的抗侧力性能，在高层和超高层建筑中较为适用。

今后的发展方向有新型钢组合构件的研发、组合结构体系的发展、钢结构组合加固技术的创新、新型建筑材料与钢材的优化组合等。

（3）发展钢结构分析与设计理论

要将高性能钢材与新型结构应用于实际工程，需要与之配套的结构分析理论、结构设计理论、施工方法与技术等。高性能钢结构受力性能研究、新型结构的分析和设计理论研究都是今后钢结构分析与设计理论的发展趋势。

## 2.3 装配式钢筋混凝土结构构件的连接技术概述

法国人 J. L. 朗姆波（1849 年）和法国人莫尼埃（1867 年）先后在铁丝网两面涂抹水泥砂浆制作小船和花盆。1884 年德国建筑公司购买了莫尼埃的专利，进行了第一批钢筋混凝土的科学实验，研究了钢筋混凝土的强度、耐火性能，钢筋与混凝土的黏结力。1886 年德国工程师 M. 克嫩提出钢筋混凝土板的计算方法。与此同时，英国人 W. D. 威尔金森提出了钢筋混凝土楼板专利；美国人 T. 海厄特对混凝土梁进行试验；法国人 F. 克瓦涅出版了一本应用钢筋混凝土的专著。自此钢筋混凝土结构被越来越广泛地应用到建筑结构中。

各国钢筋混凝土结构设计规范采用的设计方法有容许应力设计法、破坏强度设计法和极限状态设计法。在钢筋混凝土出现的早期，大多采用以弹性理论为基础的容许应力设计法。在 20 世纪 30 年代后期，苏联开始采用考虑钢筋混凝土破坏阶段塑性的破坏强度设计法。1950 年，更加完善的极限状态设计法综合了前面两种设计方法的优点，既验算使用阶段的容许应力、容许裂缝宽度和挠度，也验算破坏阶段的承载能力，概念比较明确，考虑比较全面，已为许多国家和国际组织的设计规范所采用。

### 2.3.1 钢筋混凝土结构的特点概述

与木结构和钢结构相比，钢筋混凝土结构的优点是易于就地取材，耐久性、耐火性好，整体性好，可模性好，比钢结构节约钢材等，被广泛应用于各种土木工程中。同时钢筋混凝土结构也存在易开裂、自重大、施工工期长等缺点。

### 2.3.2 钢筋混凝土结构的连接技术

钢筋混凝土结构主要是由钢筋和混凝土两种材料组成。所以钢筋混凝土结构的连接主要涉及钢筋和混凝土两种材料的连接。

1. 钢筋的连接

钢筋混凝土结构会使用到大量的钢筋材料，在整个建筑中起着重要的承载和构造作用。在布置钢筋时，需要将多根钢筋进行连接，以保证它的牢固性和耐用性。钢筋的连接方式有机械、焊接、绑扎三种。由于每种连接方式的特点不同，所使用的设备不同，对施工人员的技能要求也各不相同。因此，在连接钢筋前要根据实际情况选择合适的连接方式，以保证钢筋连接有良好的适用性和耐用性。

（1）钢筋的焊接

①闪光对焊：将两个焊件相对放置，装配成对接接头，接通电源并使其端面逐渐接近达到局部接触，利用电阻热加热这些触点（产生闪光），使端面的这些金属触接点加热熔化，直至端部在一定深度范围内达到预定温度时，迅速施加顶锻力，使两个表面的金属原子之间接近到晶格距离，形成金属键，在结合面上产生足够量的共同晶粒而形成永久接头。钢筋闪光对焊的焊接工艺可分为连续闪光焊、预热闪光焊和闪光－预热闪光焊等，根据钢筋品种、直径、焊机功率、施焊部位等因素选用。

②电弧焊：用弧焊机使焊条与焊件间产生高温电弧，使焊条和焊件熔化，冷凝后便形成接头或焊缝。钢筋电弧焊的接头形式有搭接接头（单面焊缝或双面焊缝）、帮条接头（单面焊缝或双面焊缝）、剖口接头（平焊或立焊）。

③电渣压力焊：在上、下被焊钢筋间放一小块导电剂（钢丝小球、电焊条等），装上药盒并填满焊药，用交流电焊机接通电路引弧燃烧，待形成渣池、钢筋熔化并稳弧一定时间后，在断电同时，用手动加压机构进行加压顶锻，排除夹渣、气泡，形成接头。这种焊接多用于现浇钢筋混凝土结构构件内竖向钢筋的接长。

④电阻点焊：点焊机的上、下电极接触交叉钢筋，接通电流后，交叉钢筋的接触点处电阻较大，电流产生的热量将钢筋熔化，同时电极加压使钢筋焊合。用于焊接钢筋网片、钢筋骨架等钢筋的交叉连接。

⑤钢筋气压焊：利用一定比例的氧气和乙炔燃烧产生的火焰将钢筋端部加热到塑性状态（温度约 1320 ～ 1340 ℃），边加热边加压，最终施加 30 ～ 40 MPa 的压力，将钢筋焊接在一起。焊接设备有加热器（由混合气管

和喷嘴组成）、加压油泵（由油缸和脚踏液压泵组成）和压接器（用来卡紧、调整偏心和压接钢筋）。钢筋下料时不宜用切断机，以免接头呈马蹄形而不能压接，宜用无齿锯锯断。

（2）钢筋的机械连接

①套筒挤压连接接头：通过挤压力使连接件钢套筒塑性变形与带肋钢筋紧密咬合形成的接头。有两种形式：径向挤压连接和轴向挤压连接。由于轴向挤压连接在现场施工时不方便操作，且接头质量不够稳定，没有得到推广；而径向挤压连接技术得到了大面积推广使用。工程中使用的套筒挤压连接接头大都是径向挤压连接。由于质量优良，套筒挤压连接接头在我国从 20 世纪 90 年代初至今被广泛应用于建筑工程中。

②锥螺纹连接接头：通过钢筋端头特制的锥形螺纹和连接件锥形螺纹咬合形成的接头。锥螺纹连接技术的诞生克服了套筒挤压连接技术存在的不足。锥螺纹丝头完全是提前预制，现场连接方便，现场只需用力矩扳手操作，不需搬动设备和拉扯电线，占用工期短，深受各施工单位的好评。但是锥螺纹连接接头质量不够稳定。由于加工螺纹的小径削弱了母材的横截面积，从而降低了接头强度，一般只能达到母材实际抗拉强度的 85% ～ 95%。我国的锥螺纹连接技术和国外相比还存在一定差距，最突出的一个问题就是螺距单一。直径 16 ～ 40 mm 的钢筋采用的螺距都为 2.5 mm，而 2.5 mm 螺距最适合直径 22 mm 的钢筋的连接，太粗或太细的钢筋，连接强度都不理想，尤其是直径为 36 mm、40 mm 钢筋的锥螺纹连接，很难达到母材实际抗拉强度的 0.9 倍。许多生产单位自称达到钢筋母材标准强度，是利用了钢筋母材超强的性能，即钢筋实际抗拉强度大于钢筋抗拉强度的标准值。由于锥螺纹连接技术具有施工速度快、接头成本低的特点，自 20 世纪 90 年代初推广以来，也得到了较大范围的推广使用，但由于存在的缺陷较大，后逐渐被直螺纹连接接头所代替。

③直螺纹连接接头：等强度直螺纹连接接头是 20 世纪 90 年代钢筋连接的国际最新潮流，接头质量稳定可靠，连接强度高，可与套筒挤压连接接头相媲美，而且又具有锥螺纹接头施工方便、安装速度快的特点，因此直螺纹连接技术的出现给钢筋连接技术带来了质的飞跃。我国直螺纹连接技术的发

展呈现出百花齐放的景象，出现了多种直螺纹连接形式。直螺纹连接接头主要有镦粗直螺纹连接接头和滚压直螺纹连接接头。这两种工艺采用不同的加工方式，增强了钢筋端头螺纹的承载能力，达到接头与钢筋母材等强的目的。

（3）钢筋的绑扎连接

利用了钢筋和混凝土之间的黏结力来传递钢筋的应力。把两根相向受力的钢筋固定在搭接连接区段的混凝土中，然后依靠混凝土与钢筋之间的黏结力，把力传递给混凝土，实现钢筋与钢筋之间应力的相互传递。

钢筋的绑扎连接需要注意以下几点：

①搭接长度的末端距钢筋弯折处不得小于钢筋直径的 10 倍，接头不宜位于构件最大弯矩处。

②受拉区域内，Ⅰ级钢筋绑扎接头的末端应做弯钩，Ⅱ级钢筋可不做弯钩。

③钢筋搭接处，应在中心和两端用铁丝扎牢。

④受拉钢筋绑扎接头的搭接长度应符合结构设计要求。

⑤受力钢筋的混凝土保护层厚度应符合结构设计要求。

⑥板筋绑扎前须先按设计图要求间距弹线，按线绑扎，控制质量。

⑦为了保证钢筋位置的正确，根据设计要求，用于支撑板筋的钢筋马凳纵横间距均为 600 mm。

2. 新浇混凝土的连接

混凝土硬化过程中，体积会略有收缩。为避免大体积混凝土产生裂缝，保证混凝土结构的整体性和连续性，一般在现浇大体积混凝土中使用后浇带来避免混凝土的裂缝。

后浇带将结构暂时划分为若干部分，经过构件内部收缩，在若干时间后再浇捣该施工缝混凝土，将结构连成整体的地带。后浇带的浇筑时间宜选择气温较低时，可用浇筑水泥或水泥中掺微量铝粉的混凝土，其强度等级应比构件强度高一级，防止新老混凝土之间出现裂缝，形成薄弱部位。设置后浇带的部位还应该考虑模板等措施不同的消耗因素。

（1）后浇带的设计要求

①后浇带的留置宽度一般为 700 ～ 1000 mm，现常见的有 800 mm、1000 mm、1200 mm 三种。

②后浇带的接缝形式有平直缝、阶梯缝、槽口缝和 X 形缝四种形式。

③后浇带内的钢筋，有全断开再搭接的，有不断开另设附加筋的。

④后浇带砼的补浇时间，有的规定不少于 14 天，有的规定不少于 42 天，有的规定不少于 60 天，有的规定封顶后 28 天。

⑤后浇带的砼配制及强度为比原砼等级提高一级的补偿收缩混凝土浇筑。

⑥养护时间规定不一致，有 7 天、14 天或 28 天等几种时间要求，一般小工程常用的是 14 天左右，赶工或工程特殊要求时为 7 天，大工程、自建民房常用 28 天或者 1 个月左右。

（2）后浇带在接缝处的断面形式、钢筋处理及砼浇筑处理方法

①应根据墙板厚度的实际情况决定，一般厚度小于 300 mm 的墙板，可做成直缝；对厚度大于 300 mm 的墙板可做成阶梯缝或上下对称坡口形；对厚度大于 600 mm 的墙板可做成凹形或多边凹形的断面。

②钢筋是保持原状还是断开，由后浇带的类型决定。沉降后浇带的钢筋应贯通，伸缩后浇带钢筋应断开，梁板结构的板筋应断开，但梁筋贯通。若钢筋不断开，钢筋附近的砼收缩将受到较大制约，产生拉应力开裂，从而降低了结构抵抗温度应力的能力。不同断面上的后浇带应曲折连通。

③后浇带砼浇筑，一般应使用无收缩砼浇筑，可以采用膨胀水泥也可采用掺和膨胀剂与普通水泥拌制。砼的强度比原浇筑砼提高一个级别。

④施工质量控制，后浇带的连接形式必须按照施工图设计进行，支模必须用堵头板或钢筋网，槽口缝接口形式是在模板上装凸条。浇筑砼前对缝内要认真清理、剔凿、冲刷，移位的钢筋要复位，砼一定要振捣密实，尤其是地下室底板更应认真处理，保证砼自身防水能力。

⑤后浇带处第一次浇筑留设后，应采取保护性措施，顶部覆盖，设置围栏保护，防止缝内进入垃圾、钢筋污染、踩踏变形等情况出现。

⑥后浇带两侧的梁板在未补浇砼前长期处于悬臂状态，所以在未补浇砼前两侧模板支撑不能拆除，在后浇带浇筑后，砼强度达 85% 以上时可拆除。砼浇筑后注意保护现场，观察记录，及时养护。

### 3. 新旧混凝土的连接

（1）将已经硬化的旧混凝土表面凿成凸凹面，并且去除旧混凝土的风化、

变质、蜂窝、麻面和酥松部分，再清除水泥薄膜和松动的石子以及松软的混凝土层，并充分湿润，冲洗干净后清理积水。

（2）在浇筑混凝土前，表面用热碱水刷洗，然后立即用清水冲洗至净，以防油污阻隔新旧混凝土的结合。随后，在施工缝处铺一层水泥砂浆或与混凝土成分相同的水泥砂浆。

（3）在浇筑混凝土时，先在旧混凝土上预埋锚固筋，也可在旧混凝土上钻孔，用结构胶锚筋，使之与新混凝土连接。浇筑后仔细振捣，使新旧混凝土结合紧密。

（4）按施工缝方式处理的，在清除旧混凝土表面浮浆后，需要在界面上抹高标号水泥砂浆或混凝土界面处理剂来增大胶结力。非施工缝形式的新旧混凝土连接，可根据实际情况采用增加螺栓等方式连接即可。

# 第 3 章　框架式梁柱节点连接技术

装配式建筑节点连接按构件种类可分为梁柱框架节点连接与墙板连接，就目前发展现状来看，这两种节点连接的主要连接方式为干连接与湿连接两种。湿连接即湿作业施工连接方式，亦称现浇连接，这种连接方式的主要步骤为：第一步，在工厂完成预制构件的制作工作，第二步，将预制构件运至施工现场进行一系列的吊装，第三步，在节点浇筑混凝土或水泥砂浆进行锚固，达到一种“后浇整体式结构”。干连接即干作业施工连接方式，其主要步骤为：第一步，在工厂完成预制构件的制作工作，并在连接构件中植入钢板等部件，第二步，通过螺栓连接或者焊接连接达到构件连接目的。

框架节点的处理异常重要，安全良好的建筑要保证“强柱弱梁”“强剪弱弯”“强节点，弱杆件”，具有良好的整体性及耗能能力，抗震性能良好。“强节点，弱杆件”即着重强调节点连接的重要性，使塑性铰出现在梁端，这亦要求建筑节点处的承载能力要强于杆件的承载力，进而提高建筑结构变形能力，增强抗震性能。否则，整个建筑物在一系列作用下会发生节点失稳破坏，节点失稳破坏无异于框架的整体失效。就目前发展而言，装配式建筑梁柱框架节点的连接方法多样，干连接的方法主要有机械套筒连接、牛腿连接、焊接连接、螺栓连接、榫式连接等；湿连接的方法主要有浆锚连接、普通现浇连接、普通后浇整体式连接、灌浆拼装连接、预应力技术的整浇连接等。

框架式梁柱节点连接的主要操作形式可以分为一维构件组合模式、二维构件组合模式和三维构件组合模式。

1. 一维构件组合模式

把梁、柱按楼层分段制作，通过合理的连接方法连接成一个整体，如同搭积木。预制构件端部伸出的预留钢筋采用焊接或用钢套筒连接，然后现场浇筑混凝土。这种方式的优点是构件生产、运输、吊装及施工方便，可做到等同现浇结构，结构性强，但节点处受力较大，对施工技术的要求高，连接难度大。

2. 二维构件组合模式

把柱梁制作成一个整体，呈平面 T 形或十字形，竖向主要通过柱与柱之间的连接实现，水平向主要通过梁与梁之间的连接实现，其整体性较前一种组合方式强，但生产运输不方便。

3. 三维构件组合模式

将柱梁制作成三维构件，各构件通过梁之间的连接拼装而成。其优点是接头少，效率高。但因为是三维构件，在生产和运输过程中往往不太方便，这也在一定程度上制约了其推广使用。

## 3.1 框架式梁柱节点连接技术概述

梁预制，柱与梁柱节点楼板现浇。

将梁柱节点与梁共同预制，节点内钢筋可在构件制作阶段布置完成，简化施工步骤。当梁柱节点现浇时，由于节点内钢筋拥挤，安装时需要控制构件的吊装顺序，施工较为复杂。

梁、柱共同预制成 T 字形或十字形构件，再将构件运送至施工现场连接。此种方法可减少预制构件数量与连接数量，但在构件设计时应充分考虑运输与安装过程对构件尺寸和质量的限制。

### 3.1.1 梁柱节点连接

由于上述组合模式的不同，梁柱的接合面可能出现在梁端，也可能出现在柱顶端或柱底端。以下探讨的是接合面出现在梁端的情况。因为梁是线类耗能构件，故要求梁柱连接后梁端要具有一定的塑性和变形能力，这也是遵循“强柱弱梁”的结构设计原则。又因梁端集中力的传递发生在梁柱刚域的范围内，故要求节点处应连接牢靠，必须具有较大的刚度，这也是遵循“强剪弱弯”“强节点弱构件”的结构设计原则。主要的几种连接方式分述如下。

1. 明牛腿式连接

明牛腿式连接是柱、梁预制，在柱的一侧（单侧托梁）或两侧（双侧托梁）制作牛腿，柱截面可根据柱承受的外力设置成均匀截面或变截面，牛腿顶面预埋钢板或增配钢筋网片承受梁传来的集中荷载。梁采用叠合梁，上部留有凸出的箍筋和纵筋，与柱中预埋的拉结筋实现有效连接，并浇筑混凝土、养护。柱内侧与梁端侧面留有构造齿槽，缝隙处加配附加箍筋，并用细石混凝土灌实（见图 3-1）。

此方法的优点是施工方便，易于操作，工期短，柱可整根起吊。缺点是制作牛腿麻烦，埋件多，浪费钢材，室内观感差。另外，因缝隙处狭窄，给施工增加了难度。

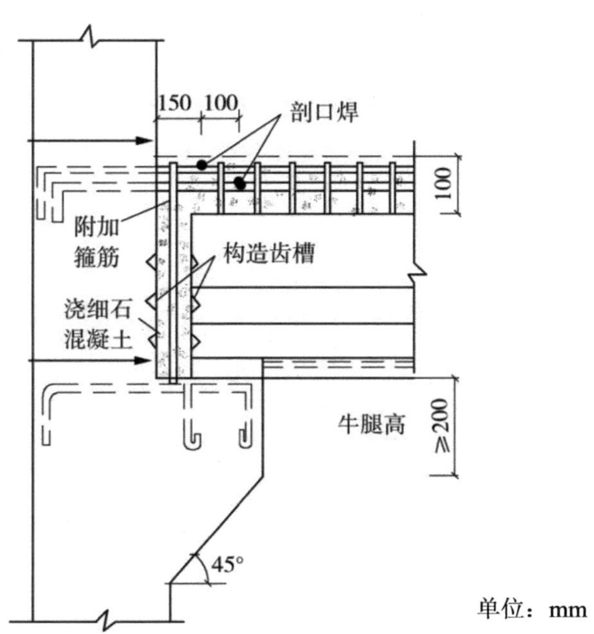


图 3-1　明牛腿式连接节点示意图

2. 暗牛腿式连接

暗牛腿式连接节点与明牛腿式连接节点相似，混凝土柱边预埋水平向的型钢，预制梁的端头下方预留一个缺口，缺口处预埋钢板，与柱边的钢板焊接，实现柱与梁的连接。这种方法简单易行，但稳定性不好，观感较差。

3. 齿槽式连接

齿槽式连接不再采用混凝土牛腿，而是将梁搁置在临时支架上，支架可采用槽钢、钢板或角钢制作。柱内的预埋插筋与梁内纵筋进行焊接，并在接缝处配置箍筋，再用细石混凝土灌缝。待灌缝处混凝土达到设计强度后拆除临时支架，就形成了齿槽处的刚性节点（见图 3-2）。

这种连接方式的优点是节点处用钢量省，节约模板，受力性能好。缺点是后浇混凝土，质量要求高，需待齿槽处混凝土达到设计强度后才可吊装预制板，致使施工周期长。由于新旧混凝土接合面易产生裂缝，故节点刚度较差。

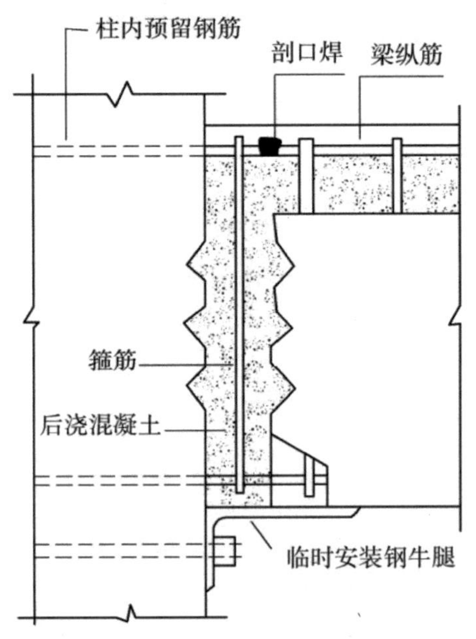


图 3-2　齿槽式连接节点示意图

4. 整浇式连接

整浇式连接是指现浇柱与预制梁的节点连接，现浇柱在浇筑混凝土时要在柱边预埋钢筋，与梁柱连接时采用机械连接或者浆锚连接方式进行，从而实现现浇柱和预制梁在节点的连接。这种连接方法的整体性好，与现浇混凝土相似，但施工周期长，工序较多。

除了以上介绍的这几种连接方式外，还有其他几种连接方式，例如叠压连接、浆锚连接等。

## 3.2 框架式梁柱节点连接的质量保证

梁柱节点是混凝土预制件结构施工的关键部位，其连接处理技术也是混凝土预制件结构施工的重要工作。因此，要根据建筑物的使用功能、所处环境、工程性质、工程规模、市场配套施工水平等因素综合考量，选择最佳的连接方式。当前，混凝土预制件结构的研究还比较少，对于其标准化、造价等方面的研究则更少。大多数的研究还只是停留在理论层面，对实际工程的指导作用不大。在具体施工中往往依靠经验总结，缺乏相关标准和规范，虽然困难重重，但混凝土预制件结构的发展前景是光明的，尤其是当今城市用地越来越紧张，施工现场常常很狭窄，人们的环境保护意识逐渐增强，混凝土预制件结构恰好可以发挥其优势。为保障装配式建筑混凝土预制件的施工质量，特别是控制框架式梁柱节点连接质量，具体措施包括以下几个方面。

### 3.2.1 钢筋施工过程的质量控制

框架节点配筋构造主要包括节点区的箍筋及受力主筋在节点内的锚固。箍筋对核心区内的混凝土起到约束作用。箍筋间距越小，节点抗剪强度即受剪承载力也越高。节点区内钢筋密集，有纵梁、横梁、柱的纵向钢筋二乏向交叉。配置箍筋在施工上有一定的难度。常用的施工方法是在支完梁板的模板后放入梁的钢筋骨架，再放节点箍筋。但是由于钢筋的安装绑扎难度较大，有些施工人员对此经常出现不放或少放箍筋或箍筋绑扎不牢等问题，直接影响混凝土结构的抗裂性能。因此，节点区的箍筋可以考虑先按设计要求制成钢筋笼，套入柱的纵向钢筋，并绑扎或焊接牢固，再放梁的钢筋，以保证构件钢筋的安装质量，特别要注意做好对工人的技术质量监控，严格按施工要求和规范进行安装绑扎。

按照规范，框架节点核心区内箍筋量不应小于柱端加密区的实际配箍量。这可以提高柱子的承载力，避免主筋受剪切弯曲破坏。在实际工作中，有些设计、施工人员对节点箍筋加密的必要性认识不足，如设计人员未考虑节点内力分析，在施工图上没有明确标注等，导致箍筋安装绑扎不符合规范。纵筋的锚固设计上一般是按照规范要求取节点区箍筋与箍筋加密区相同，包括箍筋的规格、直径和间距、伸入支座的直段及弯钩长度等。

### 3.2.2 模板施工过程的质量控制

高层建筑框架梁柱节点的模板支设也是施工中的一个重点。梁柱节点模板若在现场散支散拼，易出现尺寸偏差大、拼缝不严、表面平整度差等问题，要拆除再重装往往十分麻烦，不便于进行节点内的杂物清理和节点箍筋的调整处理。故宜采用场外预先制作定型模板的方法。在梁柱节点处，采用定型模板既可保证节点区的施工质量，又可提高模板的周转次数，节省人工。

施工实践中，应结合节点箍筋的绑扎顺序，在安装完梁底模、梁底筋并绑扎好节点箍筋后，才安装节点模板，可以采用框架梁宽度范围以外的节点模板。

厘清每个节点处的梁柱、楼板的几何尺寸及相互位置关系，对节点进行分类编号，根据各个编号节点的相关几何数据确定节点模板的制作方案。矩形节点框架梁宽度范围以外的模板一般由四个侧面的各一至两片矩形板组成，模板下部与柱的搭接长度取 40 cm，便于固定。结合节点模板的组合方式确定每片模板的具体尺寸并编号后，绘制出各节点的模板制作图。根据各节点的模板制作图预制节点工具式模板，并做好相应的标识。模板可用 15 mm 厚夹板制作，用 60 mm×90 mm 木枋做背楞，背楞间距不超过 300 mm。在安装节点模板时，先用铁钉将相应的模板在柱身初步固定，检查安装标高及垂直度，调整合适后安装夹具并初步收紧螺栓，再复查无误后用力收紧螺栓完成安装。

### 3.2.3 混凝土施工过程的质量控制

柱的混凝土施工通常在梁底标高以下 20 ～ 30 mm 处留设施工缝，节点区域与梁板同时施工，节点区域的剪力由混凝土及箍筋共同承担，因此应该保证节点域的混凝土具有足够的强度。按照要求，当梁柱的混凝土强度等级不同时，节点处应按“强柱弱梁”的原则，节点区域的混凝土强度等级应与柱相同，采用强度较高的混凝土。混凝土浇筑时，应按施工图在梁柱接头周边用钢网或小板定位，并先浇筑梁柱接头的混凝土，随后浇筑梁板混凝土。

梁柱节点区与梁板分开浇筑时，若现场没有较严密的组织措施，接处易形成冷缝。为保证梁柱节点处混凝土的施工质量，设计者应该充分考虑现实施工中可能遇到的困难，尽量使程序简化；施工单位也要充分领略设计意图，科学合理地组织施工。

现场施工方面为做好梁柱两个不同等级混凝土在同一浇筑面的接茬，在组织流水段浇筑时，要根据浇筑面的宽度和浇筑速度，分别算出梁板混凝土和梁柱节点区混凝土的体积，妥善安排两种等级混凝土的用量并计算各自的浇筑时间，以确保两种混凝土在规定的接茬内完成。

### 3.2.4 施工工序质量检验、记录与控制

建筑产品的形成是由严密的施工工序组成的，每一道工序的质量都对工程质量造成影响。工序质量包含两方面的内容，一是工序活动条件的质量；二是工序活动效果的质量。节点工序质量的检验，就是利用一定的方法和手段，对工序操作及其完成产品的质量进行实际而及时的测定、查看和检查，并将所测得的结果同该工序的操作规程及形成质量特性的技术标准进行比较，从而判断是否合格。工序质量的检验，也是对工序活动的效果进行评价。工序活动的效果，归根结底就是指通过每道工序所完成的工程项目质量或产品的质量如何，是否符合质量标准。

## 3.3 框架式梁柱节点连接案例分析

某市图书馆建筑高度 32 m，总建筑面积 53826 $m^2$，其中地下 1 层、地上 4 层，局部 5 层，地上层高均为 4.77 m。上部主体结构为装配整体式混凝土框架结构。选用框架中最常用的梁柱中间层中间节点为研究对象，在梁中、柱中反弯点位置截取部分构件的基础上设计制作足尺模型试件。

试件使用的钢筋连接用灌浆套筒采用上海某公司生产的 GT 系列灌浆套筒。试件梁为叠合梁，其截面为 300 mm×750 mm，左梁采用矩形截面预制梁，右梁采用凹口截面预制梁。柱为预制柱，其截面为 600 mm×600 mm。

试件LZ-A为梁柱节点核心区与左右两梁在工厂一体浇筑预制（见图3-3），核心区预留孔道以使下柱伸出的纵筋从其中穿过。预制上柱、下柱与核心区梁构件连接处均设置20 mm厚坐浆层，预制上柱、下柱与核心区梁构件连接面均按照《装配式混凝土结构技术规程》设置了30 mm深的键槽并设置了粗糙面，预制下柱上端纵筋伸出，穿过核心区预留的孔道，与预制上柱底部预留的半灌浆套筒进行连接。梁顶和梁底纵筋贯通节点核心区连续布置。

试件LZ-B为梁柱节点核心区与下柱在工厂一体浇筑预制（见图3-4），左梁和右梁分别预制，两段预制梁通过后浇段与核心区进行连接，预制梁和核心区在与后浇段的接合面处均按《装配式混凝土结构技术规程》设置了剪力键。梁底纵筋通过全灌浆套筒与核心区伸出纵筋进行连接，左梁底筋通过GT25H型全灌浆套筒与核心区伸出的 $\phi 25$ 钢筋连接，右梁底筋通过GT32H型全灌浆套筒与核心区伸出的 $\phi 32$ 钢筋连接，核心区内 $\phi 32$ 和 $\phi 25$ 钢筋通过机械直螺纹套筒连接，叠合层的梁顶纵筋贯通节点核心区并连续布置。预制上柱、下柱连接处设置了20 mm厚坐浆层，预制上柱底部设置30 mm深的键槽，两预制柱纵筋通过上柱底部预留的半灌浆套筒进行连接。

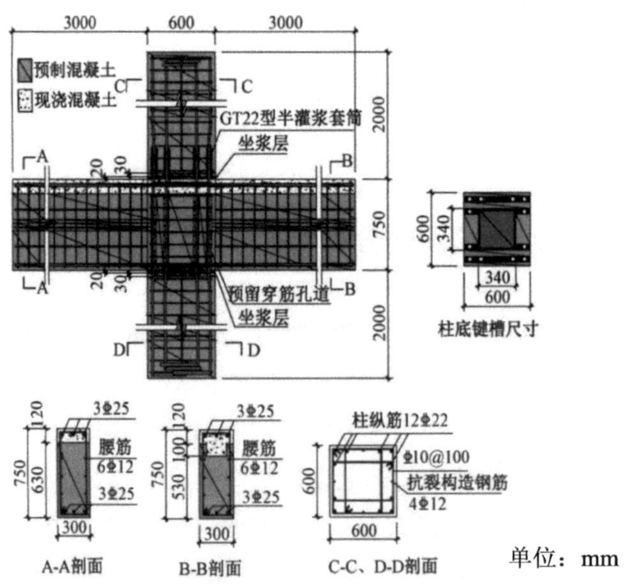


图3-3　试件LZ-A构造及尺寸示意图

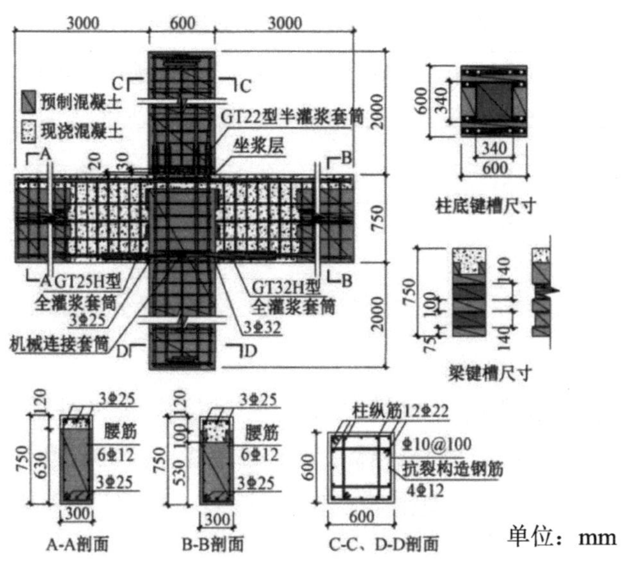


图 3-4　试件 LZ-B 构造及尺寸示意图

### 3.3.1 材料级连接性能

1. 混凝土抗压强度

试件浇筑过程中，每次浇筑均留置一组 3 个边长为 150 mm 的正方体试块，置于与试件相同条件下养护。试件加载结束后对其进行抗压强度试验，结果如表 3-1 所示。

表 3-1　正方体混凝土试块抗压强度实测值

| 测量指标 | LZ-A 柱 | LZ-A 梁 | LZ-B 柱 | LZ-B 梁后浇段 |
|---|---|---|---|---|
| 轴线抗压强度 / MPa | 32.5 | 30.3 | 40.3 | 29.9 |
| 抗压强度平均值 / MPa | 50.1 | 46.1 | 62.9 | 45.4 |

2. 钢筋力学性能

试验结束后，在试件梁铰接端附近受力较小、表面无裂缝处凿碎混凝土，将试件内钢筋取出进行单向拉伸试验，测量其力学性能参数，试验结果如表 3-2 所示。

**表 3-2 钢筋力学性能参数实测值**

| 测量指标 | | 直径 / mm | 屈服强度 / MPa | 抗拉强度 / MPa | 延伸率 / % |
|---|---|---|---|---|---|
| LZ-A 试件 | 箍筋 | 10 | — | 654 | 17.10 |
| | 梁顶 | 25 | 413 | 595 | 24.32 |
| | 梁底 | 25 | 431 | 623 | 21.47 |
| LZ-B 试件 | 箍筋 | 10 | — | 665 | 15.98 |
| | 梁顶 | 25 | 426 | 608 | 21.62 |
| | 梁底 | 25 | 453 | 616 | 22.64 |

3. 灌浆料

在试件灌浆安装和用于材性试验的套筒接头灌浆过程中均留置一组 40 mm×40 mm×160 mm 的长方体试块，每组 3 个。在标准养护条件下养护至梁柱节点试件完成低周反复加载试验后取出，进行抗压强度试验，试验结果如表 3-3 所示。

**表 3-3 灌浆料抗压强度实测值**

| 测量试件 | LZ-A | LZ-B | 接头材料材性试验 |
|---|---|---|---|
| 抗压强度平均值 / MPa | 93.3 | 106.4 | 102.8 |

4. 灌浆套筒接头

对试件中所用到的三种型号（GT22 型、GT25H 型、GT32H 型）灌浆套筒，两端连接钢筋，灌浆制作成接头试件。每种制作一组，每组 3 个试件。梁柱节点试件安装完成后灌浆制作接头试件，低周反复加载试验完成后对其进行单向拉伸试验。

### 3.3.2 试验和实践结果

从实验和实践结果来看：（1）试件 LZ-A 的整体性较好，试验结果显示节点核心区与上下柱连接处的坐浆层破坏不明显，节点核心区的剪切破坏较轻微。因此可以认为这种节点核心区与梁一体浇筑预制的节点构造形式的抗震性能表现等同于现浇结构。（2）两试件左右分别配置矩形截面预制梁和凹口截面预制梁，从试件的最终破坏形态来看，仅在试件 LZ-A 右梁梁端附近发现沿节点核心区叠合面的微小水平裂缝。这表明使用矩形截面预制梁对梁柱节点抗震性能的影响接近或优于凹口截面预制梁。（3）两个试件的荷载 - 位移滞回曲线在加载中后期呈反 S 形。从最终破坏情况来看，直径为 25 mm 的梁纵筋在节点核心区内发生了严重的黏结滑移破坏，试件受到滑移的影响较大。（4）试件 LZ-B 右梁梁端配置的大直径梁底纵筋增大了该梁抗弯强度和刚度，使节点的承载力和刚度有所提高。同时也使右梁梁端出现脆性破坏，节点延性和耗能能力降低。（5）反复荷载作用下需考虑混凝土受拉开裂导致的节点抗压强度降低，要实现强连接，将塑性铰从梁柱接合面转移至套筒接头外端，可以同时增大梁顶和梁底在套筒区域以内的纵筋配筋率。

# 第 4 章　装配式建筑墙板连接技术

预制混凝土墙板较现场施工的墙而言具有较好的整体性与刚性，但是，在装配式建筑发展中，对墙板的连接的研究不够深入，较框架节点连接发展缓慢，存在问题较多。墙板的连接主要涉及墙板与主体结构连接、墙板与墙板连接、墙板与楼板的连接问题。墙板与主体结构的连接主要有焊接连接、混凝土连接与螺栓连接，而墙板与墙板之间的连接则主要借助钢筋网片进而进行现浇浇筑连接，预制剪力墙的连接则是通过对剪力墙内部钢筋进行机械连接、浆锚、套筒连接等连接方式实现。

## 4.1 装配式建筑墙板连接技术概述

### 4.1.1 装配式墙板内嵌式连接

在钢结构内墙与钢框架连接中内嵌式墙体安装相当常见。简单来讲，内嵌式墙体的优点：一是对生产原料以及加工工艺的要求相对较低；二是构造相对简单、选择面广。钢结构的整体性能受内嵌式墙体的影响很大，因而在钢结构住宅中，是有必要增加钢结构的刚度，但是不能完全依靠钢结构支撑，墙体必须承担一定的刚度。在荷载的作用下，对砼结构的构件来说，纯钢构件的挠度变形会更大一点，这样就会对墙体的整体产生一定量的破坏。故而必须考虑钢梁挠度变形对墙体的影响，当然这其中可能还需要有效的连接件来传递。但不管怎样，在整个连接的过程中，应尽量避免连接件毁坏。以下 3 种连接方式都属于内嵌式的墙体连接，如图 4-1 所示。

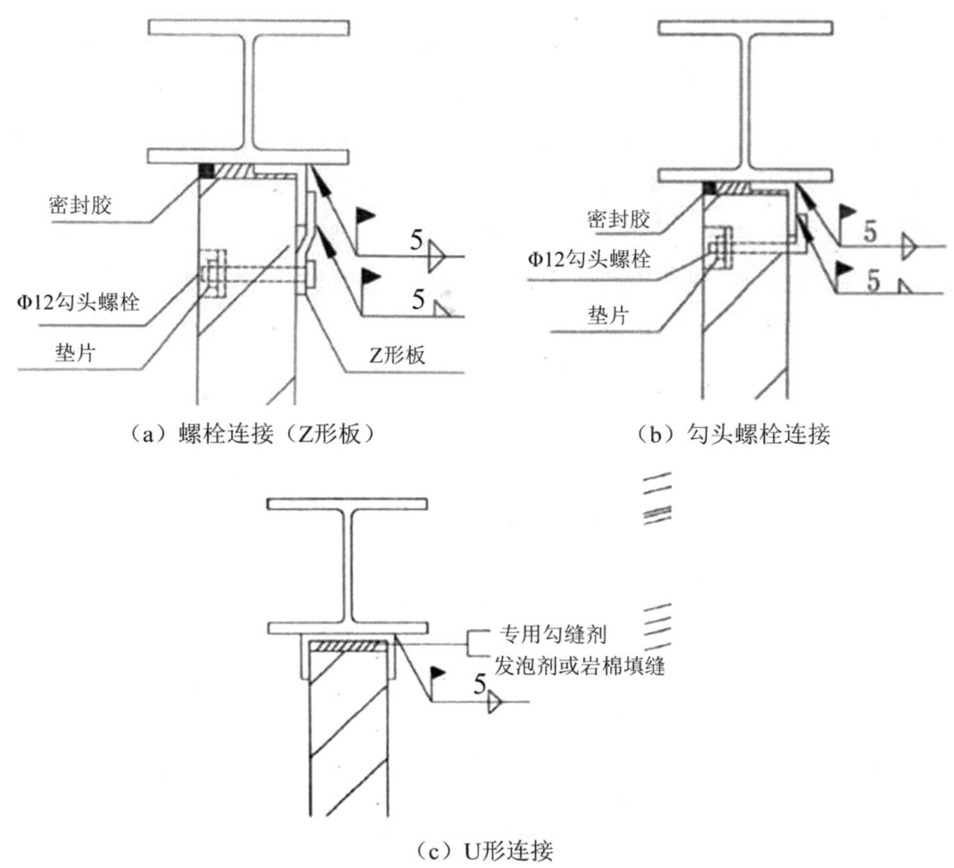


**图 4-1　装配式墙板内嵌式连接示意图**

### 4.1.2 装配式墙板外挂式连接

预制外挂墙板由于不参加整体建筑结构受力，只承受直接作用于自身的荷载，包括地震荷载、结构自重、风荷载以及施工阶段的荷载等。外墙一般运用外挂式连接比较多，当然内墙也有使用。可以在钢结构构件外侧安装轻质墙板，当采用轻质板材墙体材料时，外挂式墙板在施工中可以有效加快施工速度，也能提高技术含量，并克服钢结构构件的挠度变形。

目前，外墙板的施工方法主要有螺栓固定和插入钢筋两种施工方法。其中螺栓固定施工方法是将墙板用螺栓牢靠地固定在结构框架上的方法；插入钢筋施工方法是将板材用方钉点固，然后在板与板结合处的细长槽内灌入接缝砂浆，再在外墙板中间的开孔中插入钢筋将板材牢靠地固定在结构体上的方法。其中螺栓固定是最常采用的方法，具体做法为：在主体上先安装 Q235 级角钢，然后再把钩头螺栓焊接在角钢上（见图 4-2）。当主体结构为混凝土结构时，需要在楼板边缘钉入膨胀螺栓。如果楼板厚度较薄，角钢的固定点需要向楼板内侧平移，这样钩头螺栓需要加长，同时由于长度的增加，螺栓挠度会相应增加。延长角钢向内固定点一般采用增加连接片的方式。

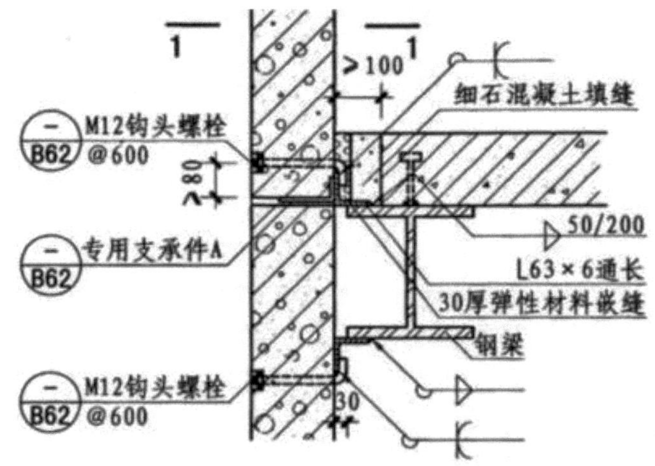


图 4-2 外挂墙板采用螺栓固定连接

外挂式轻质隔墙需要将梁柱外侧完全包裹，墙板悬挂在主体结构外侧，轻质隔墙与主体可靠、有效地连接，是整体结构安全控制的关键。轻质隔墙的标准宽度为 600 mm，非标准板宽可割据配块。作为外挂式隔墙时，外墙板的宽度应不小于 400 mm。在抗震设计中，应将轻质隔墙视作非结构构件，不计入其刚度贡献，其自重通过专用连接件传到主体结构。

装配式墙板采用外挂式连接时，应严格控制其质量。具体做法有：①除另有标明外，连接件与预埋件的焊缝均为满焊，焊缝高度不低于 6 mm。焊缝的质量标准为三级，全部焊缝均应将焊渣清除干净，并满涂防锈漆。②板缝之间、板与主体结构交界处应采用柔性连接处理，填缝材料应选用弹性材料，有防火要求时应填防火材料。③外挂式轻质隔墙连接件采用热镀锌钢材配件和配套的标准件，采用 Q235B 级钢材作为连接用钢材，其技术要求应按《碳素结构钢》（GB/T 700—2006）执行。④安装用金属配件均应做镀锌防锈处理，镀锌层厚度应满足相应建筑使用年限要求，安装用型钢和焊缝应涂防锈漆或做其他防腐蚀处理。

## 4.2 装配式建筑墙板连接的质量保证

目前，装配式建筑墙板连接主要是借助钢筋网片来对各种形式的墙板进行连接，然后再进行每一步的浇筑。因产品的工艺与施工条件限制，墙板连接存在着接缝渗漏、保温隔音性能差等诸多问题。随着社会的不断发展，人力资源的成本将会显著提高，传统浇筑方式的弊端逐渐显露出来，建筑质量会因为各种外在条件发生起伏。当前人们对墙板连接的研究依然存在不足之处，与建筑产业化的发展不具备同一性。为保障装配式建筑墙板连接质量，具体措施包括以下几个方面。

### 4.2.1 在设计阶段的质量保证措施

在进行装配式及建筑设计工作时，设计人员要重视墙板节点连接的设计工作，充分了解施工现场存在的影响因素，不断调整装配式建筑节点连接方案，并充分考虑到施工、生产等过程中的细节，协同电气、水暖等施工人员针对节点连接环节设计进行研究，以提高装配式建筑节点连接设计的合理性。设计人员要重视质量控制工作，减少装配式建筑节点连接存在的不合理问题，降低节点连接施工中出现质量问题的概率，保障节点连接施工质量达到规定要求。除此之外，设计人员还要重视预制构件运输、生产过程中的质量控制工作，在保障连接节点质量的前提下，降低预制构件的复杂程度和跨度，避免运输和生产过程中预制构件质量受到影响。实际上，装配式建筑节点连接施工过程中较为容易出现接缝渗漏问题，为了提升节点连接的紧密性，设计人员可将接缝设计成企口状，并在装配式建筑墙体内部设置空腔，减轻接缝位置的压力，将垫片设置在墙板的下方，提升建筑节点连接的紧密性，降低渗漏问题出现的概率。

### 4.2.2 在连接预制构件生产阶段的质量保证措施

生产装配式建筑墙板节点连接预制构件时，生产单位要做好施工质量控制工作，开展生产工作之前要严格检查预制构建生产材料，比如砂石等，只有符合规定要求的原材料才能投入生产。如果材料源头把握不严谨，那么预制构件的质量将会起伏不定。除此之外，生产单位还要重点检查生产预制构件的模具，检查内容主要包括刚度、强度等相关参数，降低构件与模具尺寸要求的误差，保障构件质量能达到装配式建筑节点连接施工要求。生产单位运输预制构件时，采用的方式一般为吊装，要严格控制塔式起重机的高度，保障吊装高度不会超过安全高度要求，并且要严格按照预制构建运输要求，保护预制构件成品，减少外界因素对预制构件造成的影响，避免预制构建出现损坏问题。

### 4.2.3 在施工阶段的质量保证措施

施工阶段，施工单位可以采取以下节点施工质量控制措施：第一，在安装预制楼梯板时，不可直接将楼梯板放置在安装位置，而是要在上方先调整方向、角度，之后缓慢放下，以免楼梯板在震动下出现折损，在放下后，还要对楼梯板的位置进行微调，确定位置准确后方可进行焊接固定。第二，在预制构件安装之前，需要利用测垂传感尺等专业仪器对构件的边线位置进行测量复核，确保平面、标高、垂直度等参数的误差均在允许误差范围内，以免在安装时出现过大误差。第三，在安装过程中，预制构件落位后不要直接进行固定，而是要通过调斜支撑等方式进行临时固定，之后对其安装尺寸进行测量。第四，如采用湿式连接，施工前必须要对灌注材料的强度、流动性等进行试验检测，确定其质量性能参数合格后方可进行灌注作业。第五，施工人员应该做好现场密缝工作，确保整个注浆接头充分连接。灌浆作业的时间也应受到限制，当发生意外状况时，能够预留出充足的时间进行调整。第六，施工单位应该对灌浆作业人员进行系统的培训，在培训合格并获得证书后才能上岗。第七，施工时还应注意各种矿物材料的性能，采取优良的天然砂与石英砂。

## 4.3 装配式建筑墙板连接案例分析

某建筑工程学院新建学生公寓12栋、13栋工程为“F”形建筑，地上16层，地下1层，总建筑面积约47659.63 m$^2$，主楼结构体系为装配整体式框架-现浇剪力墙结构体系，装配率为50.9%。采用装配式构件的主要部位为：预制PC外墙板、叠合梁板、预制楼梯（梯段）、预制卫生间沉箱、预制内墙板（新型轻质墙体材料）。

### 4.3.1 工程特点

常见的预制外墙板为内浇外挂式，本案例中装配式预制外墙板因受层高限制采用梁下板施工，梁下板比内浇外挂墙板施工具有更大的难度。

（1）外墙板与叠合梁、现浇梁、沉箱等连接节点之间缝隙多，易出现开裂、渗水等质量问题，增加了大量维修成本。

（2）外墙企口防水措施的施工质量和精度要求高。

（3）外墙板安装节点施工难度大。

（4）外墙与柱、窗台等现浇结构需安装模板，连接节点有待优化。

### 4.3.2 墙板节点优化设计

1. 外墙板节点连接方式

装配式混凝土结构连接方式以钢筋套筒灌浆连接为主，辅以焊接、绑扎搭接、机械连接、浆锚连接等方式。本案例中装配式工程的PC构件之间的连接以现浇节点为主，PC构件预留钢筋直接伸入现浇构件中进行锚固连接。新旧混凝土之间根据后浇带方式处理，这样不仅彻底消除了PC构件制作与安装的误差，而且保证了结构的整体性，避免出现渗水、不隔音等问题。

主要承担水平荷载的垂直承重构件如框架柱、剪力墙等均采用现浇的方式，其他非主要结构承重构件和非承重构件考虑采用预制或叠合梁板的方式。这样不仅保证了结构的荷载承受力，而且PC构件之间以及与承重结构构件之间采用现浇方式连接，消除了大量缝隙，从而避免了渗水和不隔音方面的问题，同时有利于大大减少构件制作与安装的误差，提高了结构的整体质量。

2. 外墙板连接节点优化设计

本案例中的项目采用总承包模式，即 EPC 模式，在进场初期深度参与了外墙板连接节点优化设计，以“强接缝，弱构件”为原则，通过对节点设计方案多次论证对比选出最优方案，使装配式结构具有与现浇结构等同的稳定性、耐久性和整体性。本案例中的项目研究的连接节点主要为外墙板与叠合梁、现浇梁、沉箱等的连接节点。

（1）预制外墙板上部与叠合梁连接采用“一”字形连接件和直径 16 mm 螺栓组成。“一”字形连接件规格尺寸为 300 mm×100 mm×5 mm。外墙板上部与叠合梁采用“一”字形连接件连接，外墙板与叠合梁套筒采用插筋连接然后用细石混凝土填塞（见图 4-3）。

（a）“一”字形连接件

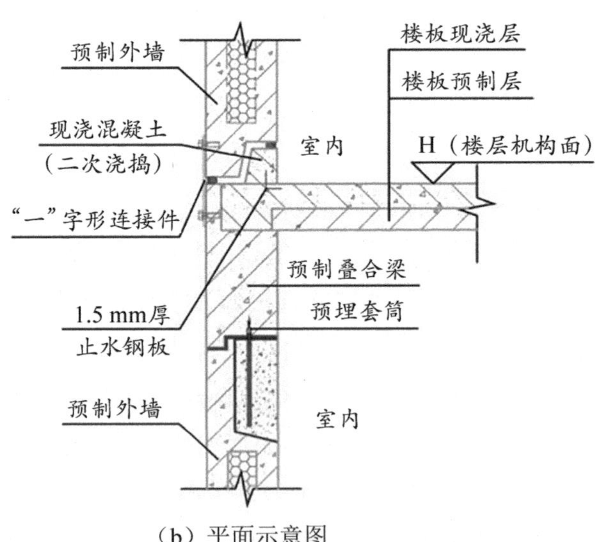


（b）平面示意图

**图 4-3　装配式预制外墙板与叠合梁连接节点设计图**

（2）预制墙板下部连接有两种形式：一种是外墙板底部预埋两根直径为

16 mm 的套筒通过“L”形连接件（见图 4-4）与楼板相连。“L”形连接件规格尺寸为 110 mm×200 mm×10mm 角钢，现浇楼板采用自攻钉固定连接件。另一种是与卫生间的防水混凝土反坎相连接，在外墙板底部预埋两根直径为 16 mm 的套筒，防水混凝土反坎通过加长版“一”字形连接件，外墙板下部企口为高低口，内外口高差为 80 mm。企口和防水混凝土反坎为现浇，节点处采用塑料垫板控制缝宽，缝内注浆，接缝外侧采用胶棒填堵，并用耐候胶封闭（见图 4-5）。

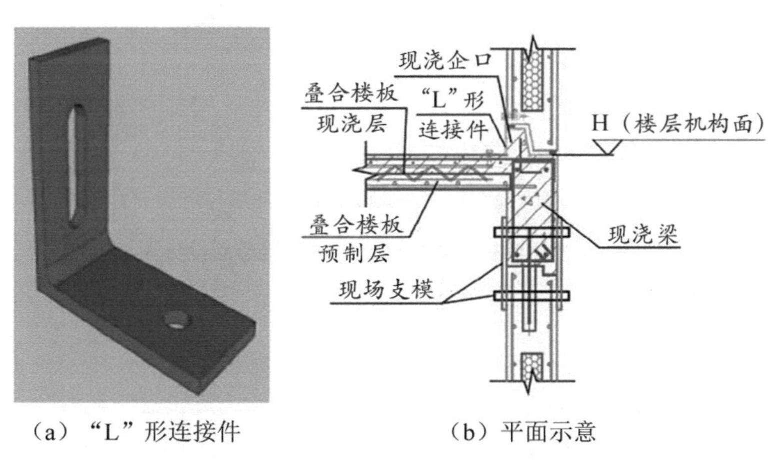


（a）“L”形连接件　　（b）平面示意

**图 4-4　装配式预制外墙板与现浇梁连接节点设计图**

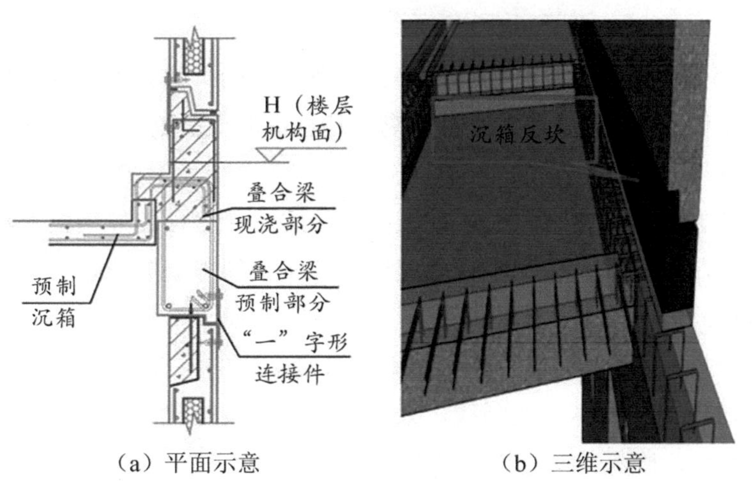


（a）平面示意　　（b）三维示意

**图 4-5　墙与沉箱反坎连接节点设计图**

为保证整体拼装美观和下一步装修施工质量，将预制外墙板内侧“L”形和外侧“一”字形连接部位施工工艺优化，安装部位开设 20 mm 凹槽，安装连接件后抹灰将其遮盖。

（3）预制外墙板两侧连接主要是与现浇柱和现浇窗台相连接，外墙板两侧各预埋 4 根直径为 12 mm 的套筒，通过插筋与现浇结构连接（见图 4-6）。

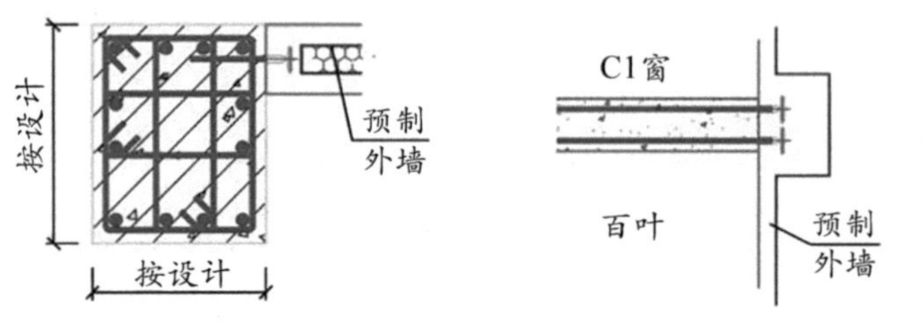


（a）预制外墙与现浇柱节点　（b）预制外墙与现浇窗台节点

**图 4-6　外墙板两侧与现浇结构连接节点设计图**

### 4.3.3 墙板节点施工技术

1. 确定外墙板安装起点和顺序

（1）根据 PC 构件的详图及设计图纸编制装配式构件的吊装施工方案，先在图纸上对各构件按照吊装顺序编号，然后指导工人严格按照编号的顺序进行吊装。

（2）第一块外墙板吊装应优先从大阳角处开始，优先吊装外墙板，然后吊装叠合梁和叠合楼板，吊装安排在剪力墙柱混凝土浇筑完毕后进行。

2. 外墙板吊装施工及节点部位注意事项

（1）工艺流程：检查预制外墙板控制边线—检查预制外墙板下反坎和企口标高—预制外墙板吊装—安装外墙斜支撑—预制外墙板校正—安装预制外墙板连接件。

（2）PC 构件是否安装平整直接影响节点部位的拼接质量。构件吊装前，应根据已放出的楼层标高控制线，采用专用垫片调整预制外墙板的高度，并用水准仪测量，确保其在同一个水平标高上。

（3）为确保外墙板接缝安装平直，吊装外墙板时，采用两点或四点起吊，就位应垂直平稳，吊装钢丝绳与构件水平面夹角不宜小于60度，起吊后要小心缓慢地将墙板放置于垫片之上。

（4）校正预制外墙板，应对横向、竖向接缝高低差进行严格控制，确保预制结构与现浇结构严格按照设计图纸预留20 mm的缝隙。

（5）安装预制外墙板连接件，用专用固定螺栓将外墙板连接件与外墙板上预埋的套筒相连，安装时应注意观察外立面的接缝高低差。

3. 预制叠合梁吊装及节点部位注意事项

（1）根据吊装图上PC叠合梁吊装顺序图吊装，不能搞错吊装顺序，否则一些梁不能安装就位。

（2）叠合梁的位置和标高要严格控制，如果梁偏移，会影响叠合楼板与其搭接的一边空隙较大，另外一边侵入叠合梁箍筋处；如果叠合梁位置高低不一，将相应地影响叠合板标高，造成质量问题和安全隐患。

4. 预制叠合板、沉箱吊装及节点部位注意事项

（1）根据吊装图上PC叠合板的吊装顺序吊装，注意板上标明了箭头方向，板方向不能搞错，否则板上预留的孔洞、线盒位置与原设计位置不相符合。

（2）板吊装前在梁上做好板边线位置控制点，以免板吊装位置不正，与梁形成夹角而有缝隙。

5. 节点部位企口浇筑

（1）外墙板下部企口为高低口，内外口高低差为80 mm，企口为现浇，模板安装时必须严格控制轴线位置及模板高度，保证外墙板吊装的位置准确及外墙板与企口之间的缝宽。模板安装完成后对钢筋工程进行隐蔽工程验收，方能进行混凝土浇筑。

（2）严格控制反坎浇筑标高及企口浇筑标高，确保拆模后现浇结构与预制外墙板严丝合缝。浇筑过程应一次成型，不应在反坎和企口位置形成冷缝，确保混凝土结构自防水的效果，浇筑完成后在反坎表面采用木条进行压槽。

（3）混凝土浇筑完成后对现浇混凝土结构进行养护，带模养护24 h后进行拆模。反坎及企口混凝土浇筑完毕后，应注意反坎和企口成品保护。

6. 节点部位堵缝处理

（1）墙板安装完成后，墙板与反坎和企口之间留有 20 mm 宽缝隙，墙板与叠合梁之间留有 10 mm 宽缝隙，而这些缝隙通常是室外水渗入到室内的通道，需对这些水平缝隙进行有效封堵。

（2）为保证接缝处缝隙防水施工质量，采取在预制外墙板与反坎和企口缝隙处灌注 H40 自流动性好、无收缩、细骨料的灌浆料。

7. 工程实例总结

（1）通过对装配式梁下外墙板连接方式设计方案的多次论证对比，选定 PC 构件的钢筋伸入现浇构件中进行锚固，新旧混凝土之间按照后浇带施工方式处理，同时在装配式结构中的梁下板形式梁、墙节点处理中，探索采用了“L”形和“一”形连接件进行进一步的加固，优化后的节点连接方法有利于结构整体受力和施工。

（2）针对装配式建筑预制梁下外墙板节点的优化设计方案，对相应的吊装、浇筑、封堵等施工技术进行了改进，保证了房屋的整体受力性能和施工质量，有效解决了裂缝、渗水、隔音差等隐患，较大程度降低了工程成本。

# 第5章　钢管套筒连接叠合柱

随着国内建筑工业化和施工技术的不断发展，钢-混凝土组合结构装配化及其高效施工技术受到学术界和工程界的广泛关注。钢管混凝土加劲混合柱（简称钢管混合柱）或称钢管混凝土叠合柱、劲型钢管混凝土组合柱等，是指将钢管混凝土配置在钢筋混凝土柱的中部区域而组合成的构件，具有抗震性能好、防火和耐腐蚀等良好特点，被广泛应用到实际工程中（见图5-1）。按照截面的布置方式，主要划分为“外圆内圆”“外方内圆”和“外方内方”三种类型（见图5-2），其中应用较多的是“外方内圆”形式的钢管混合柱。在前期研究基础上，针对预制钢管混合柱连接问题，研发了一种新型套筒灌浆连接钢管混合柱的方法，旨在满足预制钢管混合柱连接或加固改造的工程需求。

（a）卓越皇岗世纪中心

（b）海峡交流中心

（c）德丰大厦

**图5-1　钢管混凝土叠合柱应用实例**

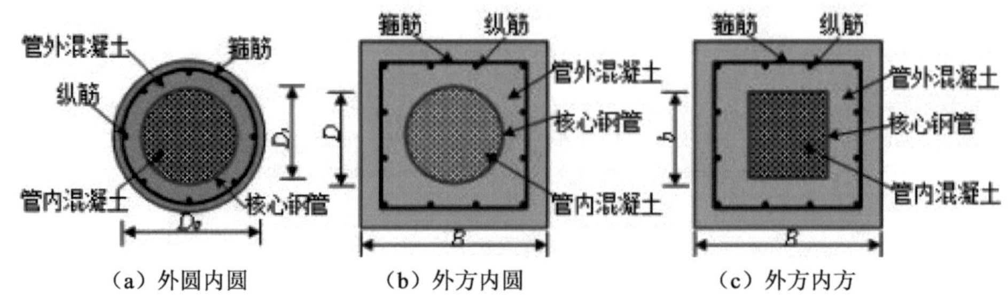

（a）外圆内圆　（b）外方内圆　（c）外方内方

**图 5-2　钢管混凝土叠合柱截面形式**

## 5.1 钢管套筒连接叠合柱技术

### 5.1.1 材料准备

（1）准备好预制构件安装的辅助性工具和器具，并根据灌浆的配置需要，准备灌浆料配置工具和器具。

（2）选定规格、型号、预埋件位置、数量、外观质量等均符合设计和相关标准要求的预制剪力墙和柱。

（3）灌浆材料：灌浆材料选用成品高强灌浆料，应具有流动性大、无收缩、早强高强等特点。在常温下 1 天抗压强度不低于 20 MPa，28 天抗压强度不低于 50 MPa，流动度应不小于 270 mm，初凝时间应大于 1 h，终凝时间应在 3～5 h。对于混凝土强度高于 C40 的构件，应对灌浆料做相应的试验验证，灌浆料强度应高于构件强度。

（4）修补用掺加 108 胶（15%）的水泥砂浆。

### 5.1.2 基础面钢筋预埋

对于基础部分，往往采用现浇，因此需要预埋钢筋。施工技术人员应根据图纸现场确定预埋钢筋的位置和固定板位置，按图纸和质量控制标准预埋钢筋。

### 5.1.3 固定板的制作

根据不同构件的具体外形尺寸和连接钢筋位置，制作相应的固定板。用机械加工方法，在固定板上加工出钢筋位置检测孔（孔径比钢筋最大外径大 3 mm）及构件外廓位置定位基准边线，钢筋检测孔与理论位置偏差不超过 1 mm；柱轮廓基准线与理论位置偏差控制在 3 mm 以内，如图 5-3 所示。

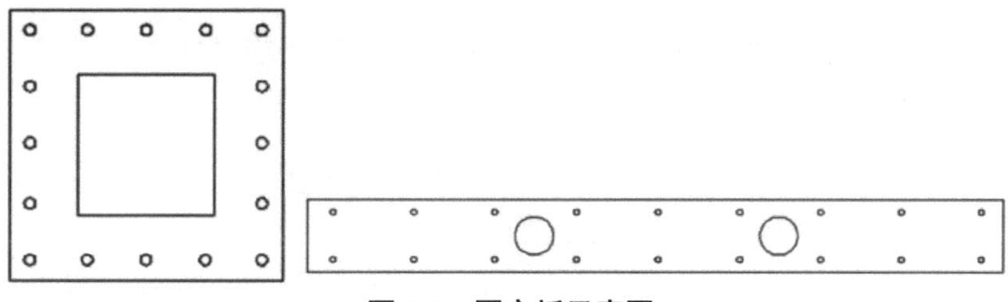

图 5-3　固定板示意图

### 5.1.4 钢筋固定

利用固定板固定钢筋，防止混凝土浇筑对竖向钢筋的扰动（见图 5-4）。固定板安装前应将套筒套在钢筋上，然后将固定板穿过钢筋，在固定板上部套入钢筋套筒并用塑料管套住预埋钢筋，下部预留出 20 mm，用胶带缠住。

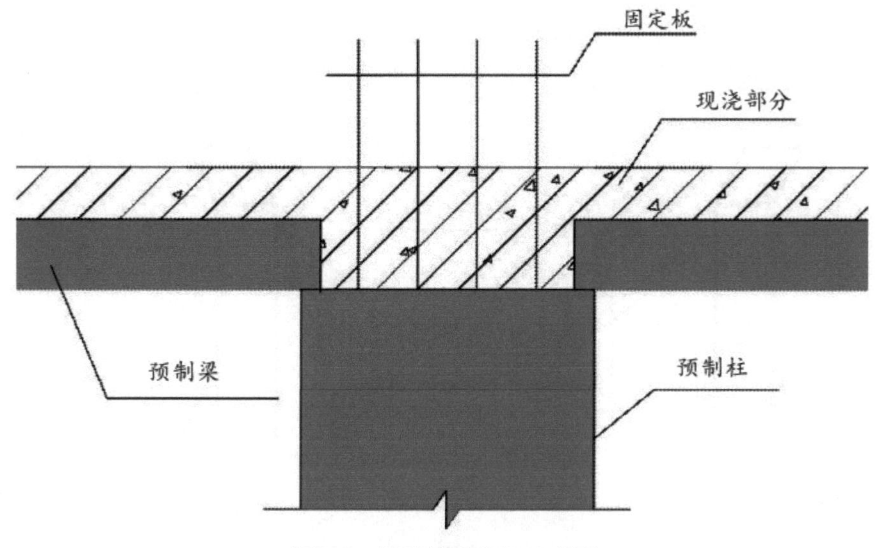


图 5-4　钢筋精确定位示意图

（1）混凝土浇筑完毕后，将胶带和套管去掉，将固定用的板取下。

（2）清理连接面，保证接头（灌浆料）砂浆接触面无灰渣、无油污。环境温度高且干燥时，将连接面清理干净后可适当喷淋水，进行湿润处理，但不得积水。连接钢筋端头不得有影响安装的翘曲，钢筋表面保持洁净。

（3）铺好已完成构件顶面的垫片、支撑块，垫片或支撑块高度大约为 20 mm。

（4）用固定板再次测量连接钢筋的位置，固定板应能落到垫块或支撑块上表面处。

（5）对于不合格的钢筋，可将插筋根部混凝土剔凿至有效高度后再进行冷弯矫正，以确保竖向构件浆锚连接的质量。

（6）沿固定板上的构件外轮廓基准线位置用墨线笔在基础混凝土上标识出基准线。

（7）检测各个连接钢筋的长度，每根钢筋自垫块以上到钢筋端头的长度应不小于 8 倍钢筋直径，最长不超过 8 倍钢筋直径 15 mm。

### 5.1.5 竖向构件限位模板安装

竖向构件的对位采用组合限位模板，如图 5-5 和图 5-6 所示，需要对四个角中的三个角用螺栓固定，确定位置防止水平移动。对预制剪力墙的限位采用两个对角的限位模板，分别固定在墙体两端。

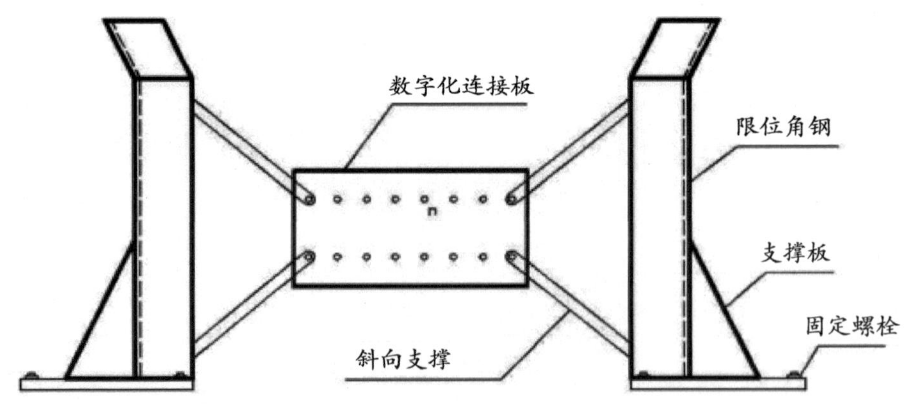


图 5-5　组合限位模板立面图

图 5-6　组合限位模板

### 5.1.6 吊装

（1）在起吊前应进行吊具安装，吊点设置于预制构件两点距重心等距或对应合力点为重心的多个点的位置，吊装最少保证有两个吊点。

（2）剪力墙吊装需采用模数化吊装梁，预制构件吊装时仅需要根据预制构件吊点选择挂钩，保证两侧挂钩时，挂点距中间等距，吊装时确保钢丝绳处于竖直状态即可。

（3）构件起吊至一定高度后，应对其底部表面进行复核水平度，如底部表面未达到水平，须调整至水平后再吊至构件就位处，这样便于钢筋对位和构件落位。

### 5.1.7 安装就位

（1）在吊装至安装位置上方 30 ～ 50 cm 处时，辨识构件的方位，并与限位模板对位后下落。

（2）临时支撑的搭设：对预制柱、墙板的上部斜撑，其支撑点间距离底部的距离不宜大于高度的 2/3，且不应小于高度的 1/2；每个预制柱不少于 2 根斜支撑，预制墙体不少于 2 根长斜撑和 2 根短斜撑调节杆，斜支撑与楼面的水平夹角大于 60 度。

（3）垂直度微调矫正，待构件水平就位调节完毕后，利用斜撑调节杆对构件的垂直度进行调整；剪力墙采用长斜撑调节杆微调来调整构件的垂直度。

（4）柱顶标高微调矫正，标高偏差值≤ 5 mm 时，只记录不调整；超过 5 mm 时需通过垫片的增减进行调整。

（5）水平位置微调矫正。

### 5.1.8 **灌浆充填**

（1）早期将预制构件底部的灌浆连接腔用密封胶条或高强水泥基坐浆材料进行密封，防止灌浆前异物进入腔内；后期在构件脚部四周采用灌浆料封边，形成密闭灌浆腔，保证在最大灌浆压力下密封有效。

（2）灌浆料搅拌：灌浆料应搅拌均匀，搅拌时间不宜少于 3 min；搅拌后，宜静置 2 min 以消除气泡。灌浆料拌合后至灌浆完毕的时间不宜超过 30 min。冬季施工时，搅拌后的灌浆料温度不应低于 5 ℃，且应不高于 35 ℃。灌注后，连接处应采取相应措施进行保温养护，养护时间不少于 7 天。灌浆料性能应满足《钢筋连接用套筒灌浆料》（JG/T 408—2019）的要求。

（3）按照浆料排出先后顺序，利用封堵泡沫依次封堵排浆孔。封堵时灌浆泵（枪）要一直保持压力，直至所有排浆孔出浆并封堵牢固，然后再停止灌浆。

（4）在灌浆的同时应做一组 40 mm×40 mm×160 mm 的长方体灌浆料试块，每楼每层留置一组试块，每组 3 个，用于测量灌浆料的强度。

（5）根据每个灌浆腔钢筋套筒接头数量计算每个腔需用的灌浆料量，考虑充盈系数，实际灌浆料用量应大于理论计算量的 1.15 倍。若充盈系数小于 1，说明实际灌浆量小于理论计算量，即可初步判定质量存在缺陷，需进行补浆。

## 5.2 钢管套筒连接叠合柱的质量保证

### 5.2.1 施工准备阶段的质量控制

1. 对施工单位的资质审查和实地考察

项目监理部门会同项目总包单位应对钢管混凝土叠合柱专项施工分包单位进行实地考察。考察重点包括工艺装备、工艺流程、技术管理体系、工艺管理体系和质量管理体系以及生产能力等。质量管理体系考察要点为实验室资质、检验手段、检验制度及执行情况、焊工素质（焊工必须经考试合格并取得合格证书且在其考试合格项目及其认可范围内施焊）等。同时，可以对分包单位正在施工的类似工程进行实地考察。综合评价分包单位的施工能力，并对分包单位的相关资质进行认真审查。

2. 专项施工方案审查

在图纸会审的基础上，督促施工单位完成专项施工方案审查编报。同时，要求分包单位按照设计图纸编制每段构件加工的工艺文件，该工艺文件须事前报经监理、建设审查批准，施工完成后按照该工艺文件进行检验。在施工中如果确实需变更施工方案或工艺文件时，必须履行严格的审批程序。

3. 原材料检验

当工程涉及的构件种类较多、节点形式较多时，项目监理及总监须对原材料进行取样复试，复试合格后方可使用。另外，应选取不同节点形式做焊接工艺评定，从技术上保证钢结构工程的加工质量。

### 5.2.2 构件监造的质量控制

在构件的生产过程中，可以委派驻厂监造工程师，也可以由项目监理部向构件加工厂发函，提前设立质量见证点。涉及质量的关键点和重要环节及工序可以分批次由厂方提前一天通知甲方前往，进行现场监理。甲方也可以委托第三方检测单位驻厂的焊缝检测工程师现场进行焊缝质量把关（如有焊缝经返修后仍检测不合格，须及时通知监理），最大限度保障钢骨柱加工制作质量。在处理问题的时候，项目监理部派人会同甲方到厂方对构件加工中出现的问题进行原因分析总结，在技术难题的解决方面给予施工单位力所能及的帮助。

### 5.2.3 现场安装的质量控制

为了有效控制钢骨柱现场安装质量，监理部可以事前用《监理联系单》的形式再次书面强调现场安装及报验程序：吊装（通知监理旁站）—对中及垂直度校正—自检合格—垫板点焊—报监理，复查合格后签发《准许焊接令》—对接面焊接（通知监理旁站）—扭曲校正、垂直度复校—探伤检测（通知监理旁站）—工艺附件割除—整体终校—监理验收—钢筋安装完成、自检合格—报监理复查合格、签发混凝土浇筑令。在整个监控程序中，重点控制吊装、校正、施焊、探伤检测、签发《混凝土浇筑令》等关键环节。

1. 吊装

在钢骨柱现场吊装之前，首先是底座的预埋，预埋的准确性当然是非常重要的，在类似工程的监理中还应注意：一是底座用于固定钢骨柱的螺栓应尽可能长，留有余地；二是首根柱柱底的二次灌浆是非常重要的工序，灌浆的技术方法决定成败。二次灌浆一般会选用成品灌浆料，其主要成分为石英砂、高强水泥及外加剂等，现场按说明书加一定比例水调制而成。为确保灌浆一次成功，强烈建议要做模拟试验。

安装前必须取得基础段验收的合格资料，内容包括轴线、标高（关系到梁筋的穿孔筋标高）、预埋螺栓位置等，并复核是否符合图纸要求。对因堆放不合理和运输不合理等因素造成的变形超差的构件进行校正，清除构件表面的油污、泥沙、灰尘等杂物。

钢骨的安装主要解决好三个关键的问题：一是钢骨四个侧面的构件轴线必须与土建轴线重合；二是钢骨四个面的垂直度必须符合要求；三是安装段与基础段的截面重合。

为此，构件在吊装就位时必须考虑上述三项因素，通过经纬仪不断调整，以达到最理想效果。就位后在焊接时，要同时使用两台经纬仪，从两个相垂直的轴线方向进行监控，并采用对称交叉分层的焊接方法。在焊接过程中，要及时交流监控数据、及时找正，消除温差变形的影响，确保成形后构件的轴线位置、垂直度、上下段错边及标高符合要求，钢管柱安装的允许偏差应符合规范规定。

2. 校正

现场吊装就位构件对接安装的校正包括：轴线位置校正（保证整个楼层柱网中每根钢骨柱的位置准确、纵横方向轴线间的轴线尺寸无误）、对中校正（翼缘、腹板对接偏差校正）、垂直度校正、扭曲度校正等。

监理部应要求现场对接过程进行三次校正。

就位校正：主要进行轴线位置校正、对中校正和垂直度校正。首先校正柱网中四大角的钢骨柱，然后确定所有钢骨柱的轴线尺寸。必须保证钢骨柱的翼缘、腹板的对接偏差、垂直度偏差、牛腿标高偏差、焊缝高度偏差等严格控制在规范允许范围内。

焊接后的校正：主要进行扭曲校正和垂直度再校正。

工艺附件割除后的终校：进行混凝土浇筑前的整体复核校正。

3. 焊接

钢骨柱就位后先点焊、校正，在自检合格的基础上报监理验收，监理签发《准许焊接令》后方可正式实施对接面的焊接。焊接前，监理工程师应一一复核检查现场施焊人员上岗证，现场持证焊工必须在其考试合格项目及其认可范围内施焊。这里强调的是，对于钢结构的焊接施工，不能局限于焊工持证上岗方面，而是更加注重实际技能的要求。在现场焊工首次施焊前应进行焊工考试，也就是在正式施焊前进行构件外的模拟焊接，然后对模拟焊件进行见证送检，只有检测合格后才允许该焊工对构件正式施工。这种考试将不定期进行，新聘焊工必须通过现场考试，合格后方可上岗。焊接时，由两人同时对称施焊，以减小钢骨柱不对称形变引起的扭曲。

4. 探伤

钢骨柱焊接完成 24 h 后进行超声波检测。监理工程师现场复验焊缝探伤人员的上岗证，并旁站见证探伤全过程。需要依据焊缝登记进行检查，例如一级焊缝，需要全检。

5. 签发浇筑令

施工单位必须报送钢骨柱焊缝检测合格的正式报告，监理工程师方可签署混凝土浇筑令。对于钢骨柱外面的钢筋及模板则是按普通钢筋混凝土工程进行质量控制。

### 5.2.4 混凝土浇筑

在混凝土浇筑过程中，难免会在隔板四个角部产生气泡，造成混凝土不密实，存在质量隐患。如何将气泡大小控制在允许的范围内就显得尤其重要。钢柱内气泡大小以目前手段无法检测，有必要的话需要做现场模拟试验，凝土浇筑完成后再打开检查。虽然比较直观，但成本很高。如果总包单位曾经在类似施工时模拟过，掌握相关数据，同时施工区域的类似工程也有模拟的数据，加上在施工时的现场观察，可以依据经验实施混凝土浇筑。

### 5.2.5 质量验收

钢骨柱在我国属新颖结构设计，还没有成熟而完整的相关施工工艺技术规程、质量验收规范和质量验收记录用表。对于钢骨柱内混凝土质量验收，虽然在《钢管混凝土工程质量验收规范》征求意见稿中，有锤击法和超声波法两种检测方法，但锤击法只适合钢板厚度 20 mm 以内的检测。

目前，我们通常使用施工过程中留置的混凝土试块作为质量验收的依据，所以应注意保留标样和同条件试块。钢骨柱混凝土施工质量在技术的保证上非常重要，如果质量不合格，将会存在较大的安全隐患。然而钢骨柱混凝土的质量缺陷难以被发现，所以要格外注意，不容忽视。

同时，可以将钢骨柱中的“钢骨”纳入钢结构范畴，而将剩下的“柱”纳入普通混凝土结构范畴，按钢结构质量验收记录用表和混凝土结构质量验收记录用表相结合的方式，解决验收表格空白的难题。

## 5.3 钢管套筒连接叠合柱案例分析

某盾构接收井位于某市地铁 3 号线苏家屯站—未来科技城站区间的盾构部分相连接处，工区附近地层存有直径为 300 mm 的给水管、直径为 1000 mm 雨水管和直径为 400 mm 的排水管等多条市政管线。该盾构井结构外尺寸为

22.58 m×16 m，深度为 25.35 m，有 3 层地下结构，地下一、二、三层层高分别为 6.20 m、5.70 m 和 8.65 m，轨顶标高为 8.667 ～ 8.723 m，工区整平标高为 30.9 m。

### 5.3.1 基坑支护设计

基坑采用桩—撑支护方案，围护桩采用直径为 0.8 m 和 1.2 m 的钻孔灌注桩，桩长 31.3 m，嵌固深度 8.17 m。基坑共架设 5 道内支撑，首道支撑采用装配式钢管混凝土支撑，其余各道支撑均采用常用的直径为 609 m 的钢管支撑。首道装配式钢管混凝土内支撑包括对撑和角撑两种，共 6 个支撑杆件。对撑杆件和角撑杆件均是由双肢钢管混凝土构件和端部锚固件装配而成，构件和端部锚固件间通过法兰螺栓连接。其中，对撑杆件包含 3 个长度为 5 m 的标准双肢钢管混凝土构件，角撑杆件包含 1 个长度为 5 m 的标准双肢钢管混凝土构件和两个异形双肢钢管混凝土构件，异形构件轴心长度为 1 m，构件两肢间由缀板连接，形成格构式结构。支撑构件的每肢截面均为相同尺寸的矩形，矩形薄壁钢管（Q300）内部填充具有高强、轻质、微膨胀和自密实等性能的高性能混凝土。在矩形钢管长边所在钢板上开孔，并设置两排约束拉杆，约束拉杆沿支撑轴向均匀布置，间距为 0.25 m。

### 5.3.2 装配式钢管混凝土内支撑施工

装配式钢管混凝土内支撑的总体施工步骤包括：钢结构加工、混凝土试配、混凝土浇筑、内支撑构件混凝土养护、支撑构件拼装、内支撑吊装架设、支撑端头锚固件浇筑、拆除支撑。

1. 钢结构加工

在钢结构加工厂进行装配式钢管混凝土支撑的钢结构加工，包括钢材切割和钢组件焊接。严格按照设计图纸的尺寸和精度要求进行钢管、法兰、缀板和加劲肋的钢材切割。采用二氧化碳保护焊施焊，一级满焊焊缝。完成标准支撑构件钢组件、异形支撑构件钢组件和端部锚固件焊接加工，并在钢管壁上开孔设置约束拉杆。

2. 混凝土浇筑及养护

采用天泵进行标准支撑构件和异形支撑构件的混凝土浇筑，边浇筑边振捣。混凝土浇筑前向钢管内预埋混凝土应变计，待混凝土浇筑完毕后，对混凝土浇筑孔进行封闭处理，养护待用。

3. 支撑构件拼装

按拼装设计要求，用 M20 高强螺栓将标准支撑构件、异形支撑构件和支撑端部锚固件连接，采用 QY150 汽车吊辅助吊装。

4. 支撑架设

采用 QY150 汽车吊进行装配式钢管混凝土内支撑吊装架设，包括以下步骤：

（1）安装冠梁模板，在支撑与冠梁连接处预留空间。

（2）将较短的支撑节段吊至与冠梁连接部位，并将支撑端部锚筋插入冠梁钢筋间隙。

（3）将较长的支撑节段吊入，将支撑端部锚筋插入指定位置的冠梁钢筋间隙。

（4）支撑长节段和支撑短节段精准对接后，以 M20 高强螺栓连接。

### 5.3.3 工期和经济分析比较

1. 工期对比

装配式钢管混凝土支撑现场施工工期与传统钢筋混凝土支撑的施工工期对比情况如表 5-1 所示。

表 5-1　两种支撑方式安装工序时间表

| 传统钢筋混凝土支撑 | | 装配式钢管混凝土支撑 | |
|---|---|---|---|
| 工序 | 工期 / 天 | 工序 | 工期 / 天 |
| 垫层浇筑 | 1 | 垫层浇筑 | 1 |
| 支撑及冠梁钢筋绑扎 | 9 | 冠梁钢筋绑扎及支撑安装 | 4 |
| 支撑及冠梁钢筋安装 | 5 | 冠梁模板安装 | 3 |
| 支撑及冠梁混凝土浇筑 | 2 | 冠梁混凝土浇筑 | 2 |
| 切割 | 6 | 装配式支撑拆除 | 2 |

由表 5-1 对比得知，装配式钢管混凝土支撑安装及拆除可比传统钢筋混凝土支撑节约工期 11 天。如果工程规模进一步增大，两种工法工期的差异也会进一步增大，装配式钢管混凝土支撑的优势会更加明显。

2. 经济性分析

传统钢筋混凝土支撑和装配式钢管混凝土支撑两种方式的施工经济性分析如表 5-2、表 5-3 所示。

**表 5-2　传统钢筋混凝土支撑经济性分析**

| 项目 | 工程量 /$m^3$ | 单价 / 元 | 小计 / 元 | 合计 / 元 |
|---|---|---|---|---|
| 钢筋混凝土 | 39.89 | 623 | 24851 | 57162 |
| 切割 | 39.89 | 810 | 32311 | |

**表 5-3　装配式钢管混凝土支撑经济性分析**

| 项目 | 工程量 | 单价 | 小计 | 合计 |
|---|---|---|---|---|
| 混凝土 | 23.31 $m^3$ | 450 元 | 10490 元 | 78479 元 |
| 钢管加工 | 12.57 t | 5200 元 | 65364 元 | |
| 支撑拆除 | 2.5 台班 | 1050 元 | 2625 元 | |

由于装配式钢管混凝土可周转使用的特点，以保守考虑，依照周转 5 次进行计算，单次费用约 15696 元，比传统钢筋混凝土支撑节省费用约 41466 元。本案例以 6 根支撑为计算依据，考虑支撑数量增加时，装配式钢管混凝土支撑的经济优势将进一步增加。

### 5.3.4 项目成果分析

该工程在明挖竖井施工过程中，采用装配式钢管支撑，实现了首道支撑重复利用，加快了施工速度，取得了非常好的效果。与现浇钢筋混凝土支撑相比，装配式钢管支撑混凝土支撑在保留其刚度大和变形小的受力特性的优点下，克服了自重大、不易于材料回收处理、污染环境及成本摊销高的不足，并且安装和拆除方便、能够实现可重复使用，降低了能耗和浇筑成本。因此，装配式钢管支撑在一定的施工工况下具有一定的优势。然而选择预制还是现浇施工方法，或是预制和现浇相结合，不能生搬硬套，都应该从工程实际出发，根据工程条件和市场需要来确定最经济的施工方法。

# 附　录

## 附录一

## 国务院办公厅关于大力发展装配式建筑的指导意见

国办发〔2016〕71 号

各省、自治区、直辖市人民政府，国务院各部委、各直属机构：

装配式建筑是用预制部品部件在工地装配而成的建筑。发展装配式建筑是建造方式的重大变革，是推进供给侧结构性改革和新型城镇化发展的重要举措，有利于节约资源能源、减少施工污染、提升劳动生产效率和质量安全水平，有利于促进建筑业与信息化工业化深度融合、培育新产业新动能、推动化解过剩产能。近年来，我国积极探索发展装配式建筑，但建造方式大多仍以现场浇筑为主，装配式建筑比例和规模化程度较低，与发展绿色建筑的有关要求以及先进建造方式相比还有很大差距。为贯彻落实《中共中央 国务院关于进一步加强城市规划建设管理工作的若干意见》和《政府工作报告》部署，大力发展装配式建筑，经国务院同意，现提出以下意见。

### 一、总体要求

（一）指导思想。全面贯彻党的十八大和十八届三中、四中、五中全会，以及中央城镇化工作会议、中央城市工作会议精神，认真落实党中央、国务院决策部署，按照“五位一体”总体布局和“四个全面”战略布局，牢固树立和贯彻落实创新、协调、绿色、开放、共享的发展理念，按照适用、经济、安全、绿色、美观的要求，推动建造方式创新，大力发展装配式混凝土建筑和钢结构建筑，在具备条件的地方倡导发展现代木结构建筑，不断提高装配式建筑在新建建筑中的比例。坚持标准化设计、工厂化生产、装配化施工、一体化装修、信息化管理、智能化应用，提高技术水平和工程质量，促进建筑产业转型升级。

（二）基本原则。坚持市场主导、政府推动。适应市场需求，充分发挥市场在资源配置中的决定性作用，更好发挥政府规划引导和政策支持作用，形成有利的体制机制和市场环境，促进市场主体积极参与、协同配合，有序发展装配式建筑。

坚持分区推进、逐步推广。根据不同地区的经济社会发展状况和产业技术条件，划分重点推进地区、积极推进地区和鼓励推进地区，因地制宜、循序渐进，以点带面、试点先行，及时总结经验，形成局部带动整体的工作格局。

坚持顶层设计、协调发展。把协同推进标准、设计、生产、施工、使用维护等作为发展装配式建筑的有效抓手，推动各个环节有机结合，以建造方式变革促进工程建设全过程提质增效，带动建筑业整体水平的提升。

（三）工作目标。以京津冀、长三角、珠三角三大城市群为重点推进地区，常住人口超过 300 万的其他城市为积极推进地区，其余城市为鼓励推进地区，因地制宜发展装配式混凝土结构、钢结构和现代木结构等装配式建筑。力争用 10 年左右的时间，使装配式建筑占新建建筑面积的比例达到 30%。同时，逐步完善法律法规、技术标准和监管体系，推动形成一批设计、施工、部品部件规模化生产企业，具有现代装配建造水平的工程总承包企业以及与之相适应的专业化技能队伍。

## 二、重点任务

（四）健全标准规范体系。加快编制装配式建筑国家标准、行业标准和地方标准，支持企业编制标准、加强技术创新，鼓励社会组织编制团体标准，促进关键技术和成套技术研究成果转化为标准规范。强化建筑材料标准、部品部件标准、工程标准之间的衔接。制修订装配式建筑工程定额等计价依据。完善装配式建筑防火抗震防灾标准。研究建立装配式建筑评价标准和方法。逐步建立完善覆盖设计、生产、施工和使用维护全过程的装配式建筑标准规范体系。

（五）创新装配式建筑设计。统筹建筑结构、机电设备、部品部件、装配施工、装饰装修，推行装配式建筑一体化集成设计。推广通用化、模数化、标准化设计方式，积极应用建筑信息模型技术，提高建筑领域各专业协同设计能力，加强对装配式建筑建设全过程的指导和服务。鼓励设计单位与科研院所、高校等联合开发装配式建筑设计技术和通用设计软件。

（六）优化部品部件生产。引导建筑行业部品部件生产企业合理布局，提高产业聚集度，培育一批技术先进、专业配套、管理规范的骨干企业和生产基地。支持部品部件生产企业完善产品品种和规格，促进专业化、标准化、规模化、信息化生产，优化物流管理，合理组织配送。积极引导设备制造企业研发部品部件生产装备机具，提高自动化和柔性加工技术水平。建立部品部件质量验收机制，确保产品质量。

（七）提升装配施工水平。引导企业研发应用与装配式施工相适应的技术、设备和机具，提高部品部件的装配施工连接质量和建筑安全性能。鼓励企业创新施工组织方式，推行绿色施工，应用结构工程与分部分项工程协同施工新模式。支持施工企业总结编制施工工法，提高装配施工技能，实现技术工艺、组织管理、技能队伍的转变，打造一批具有较高装配施工技术水平的骨干企业。

（八）推进建筑全装修。实行装配式建筑装饰装修与主体结构、机电设备协同施工。积极推广标准化、集成化、模块化的装修模式，促进整体厨卫、轻质隔墙等材料、产品和设备管线集成化技术的应用，提高装配化装修水平。倡导菜单式全装修，满足消费者个性化需求。

（九）推广绿色建材。提高绿色建材在装配式建筑中的应用比例。开发应用品质优良、节能环保、功能良好的新型建筑材料，并加快推进绿色建材评价。鼓励装饰与保温隔热材料一体化应用。推广应用高性能节能门窗。强制淘汰不符合节能环保要求、质量性能差的建筑材料，确保安全、绿色、环保。

（十）推行工程总承包。装配式建筑原则上应采用工程总承包模式，可按照技术复杂类工程项目招投标。工程总承包企业要对工程质量、安全、进度、造价负总责。要健全与装配式建筑总承包相适应的发包承包、施工许可、分包管理、工程造价、质量安全监管、竣工验收等制度，实现工程设计、部品部件生产、施工及采购的统一管理和深度融合，优化项目管理方式。鼓励建立装配式建筑产业技术创新联盟，加大研发投入，增强创新能力。支持大型设计、施工和部品部件生产企业通过调整组织架构、健全管理体系，向具有工程管理、设计、施工、生产、采购能力的工程总承包企业转型。

（十一）确保工程质量安全。完善装配式建筑工程质量安全管理制度，健全质量安全责任体系，落实各方主体质量安全责任。加强全过程监管，建设和监理等相关方可采用驻厂监造等方式加强部品部件生产质量管控；施工企业要加强施工过程质量安全控制和检验检测，完善装配施工质量保证体系；在建筑物明显部位设置永久性标牌，公示质量安全责任主体和主要责任人。加强行业监管，明确符合装配式建筑特点的施工图审查要求，建立全过程质量追溯制度，加大抽查抽测力度，严肃查处质量安全违法违规行为。

## 三、保障措施

（十二）加强组织领导。各地区要因地制宜研究提出发展装配式建筑的目标和任务，建立健全工作机制，完善配套政策，组织具体实施，确保各项任务落到实处。各有关部门要加大指导、协调和支持力度，将发展装配式建筑作为贯彻落实中央城市工作会议精神的重要工作，列入城市规划建设管理工作监督考核指标体系，定期通报考核结果。

（十三）加大政策支持。建立健全装配式建筑相关法律法规体系。结合节能减排、产业发展、科技创新、污染防治等方面政策，加大对装配式建筑的支持力度。支持符合高新技术企业条件的装配式建筑部品部件生产企业享受相关优惠政策。符合新型墙体材料目录的部品部件生产企业，可按规定享受增值税即征即退优惠政策。在土地供应中，可将发展装配式建筑的相关要求纳入供地方案，并落实到土地使用合同中。鼓励各地结合实际出台支持装配式建筑发展的规划审批、土地供应、基础设施配套、财政金融等相关政策措施。政府投资工程要带头发展装配式建筑，推动装配式建筑“走出去”。在中国人居环境奖评选、国家生态园林城市评估、绿色建筑评价等工作中增加装配式建筑方面的指标要求。

（十四）强化队伍建设。大力培养装配式建筑设计、生产、施工、管理等专业人才。鼓励高等学校、职业学校设置装配式建筑相关课程，推动装配式建筑企业开展校企合作，创新人才培养模式。在建筑行业专业技术人员继续教育中增加装配式建筑相关内容。加大职业技能培训资金投入，建立培训基地，加强岗位技能提升培训，促进建筑业农民工向技术工人转型。加强国际交流合作，积极引进海外专业人才参与装配式建筑的研发、生产和管理。

（十五）做好宣传引导。通过多种形式深入宣传发展装配式建筑的经济社会效益，广泛宣传装配式建筑基本知识，提高社会认知度，营造各方共同关注、支持装配式建筑发展的良好氛围，促进装配式建筑相关产业和市场发展。

国务院办公厅

2016 年 9 月 27 日

附录二

# 北京市人民政府办公厅关于加快发展装配式建筑的实施意见

京政办发〔2017〕8 号

各区人民政府，市政府各委、办、局，各市属机构：

为深入贯彻落实《国务院办公厅关于大力发展装配式建筑的指导意见》（国办发〔2016〕71 号），加快推动本市装配式建筑发展，经市政府同意，现提出以下实施意见。

## 一、总体要求

### （一）指导思想

以习近平总书记视察北京重要讲话精神为根本遵循，深入落实中央城镇化工作会议和中央城市工作会议精神，牢固树立和贯彻落实新发展理念，按照适用、经济、安全、绿色、美观的要求，推动建造方式创新，大力发展装配式混凝土建筑和钢结构建筑，在具备条件的项目中倡导采用现代木结构建筑，不断提高装配式建筑在新建建筑中的比例。坚持标准化设计、工厂化生产、装配化施工、一体化装修、信息化管理、智能化应用，充分发挥先进技术的引领作用，全面提升建设水平和工程质量，促进本市建筑产业转型升级。

### （二）工作目标

到 2018 年，实现装配式建筑占新建建筑面积的比例达到 20% 以上，基本形成适应装配式建筑发展的政策和技术保障体系。到 2020 年，实现装配式建筑占新建建筑面积的比例达到 30% 以上，推动形成一批设计、施工、部品部件生产规模化企业，具有现代装配建造水平的工程总承包企业以及与之相适应的专业化技能队伍。

### （三）实施范围和标准

1. 自 2017 年 3 月 15 日起，新纳入本市保障性住房建设计划的项目和新立项政府投资的新建建筑应采用装配式建筑。

2. 自 2017 年 3 月 15 日起，通过招拍挂文件设定相关要求，对以招拍挂方式取得城六区和通州区地上建筑规模 5 万平方米（含）以上国有土地使用权的商品房开发项目应采用装配式建筑；在其他区取得地上建筑规模 10 万平方米（含）以上国有土地使用权的商品房开发项目应采用装配式建筑。

3. 采用装配式混凝土建筑、钢结构建筑的项目应符合国家及本市的相关标准。采用装配式混凝土建筑的项目，其装配率应不低于 50%；且建筑高度在 60 米（含）以下时，其单体建筑预制率应不低于 40%，建筑高度在 60 米以上时，其单体建筑预制率应不低于 20%。鼓励学校、医院、体育馆、商场、写字楼等新建公共建筑优先采用钢结构建筑，其中政府投资的单体地上建筑面积 1 万平方米（含）以上的新建公共建筑应采用钢结构建筑。

## 二、重点任务

### （四）完善技术标准体系

进一步完善适应装配式建筑的设计、生产、施工、检测、验收、维护等标准体系，编制相关图集、工法、手册、指南。严格执行国家和行业装配式建筑相关标准，加快制定本市地方标准，支持制定企业标准，促进关键技术和成套技术研究成果转化为标准规范。完善适应装配式建筑的安全防护体系和防火抗震防灾标准。制定结构与装修一体化和装配式装修技术标准。研究确定装配式建筑工程计价依据。建立装配式建筑评价体系。

### （五）创新装配式建筑设计

统筹建筑结构、机电设备、部品部件、装配施工、装饰装修，推行装配式建筑一体化集成设计。推广通用化、模数化、标准化设计方式，积极应用建筑信息模型技术，提高建筑领域各专业协同设计能力，加强对装配式建筑建设全过程的指导和服务。政府投资的装配式建筑项目应全过程采用建筑信息模型技术进行管理。鼓励设计单位与科研院所、高等院校等联合开发装配式建筑设计技术和通用设计软件。

**（六）优化部品部件生产**

认真落实京津冀协同发展战略，引导部品部件生产企业及相关产业园区在京津冀地区合理布局，培育一批技术先进、专业配套、管理规范的骨干企业，建设一批绿色、智能、可持续发展的部品部件生产基地，形成适应装配式建筑发展需要的产品齐全、配套完整的产业格局。特别是依托行业龙头企业打造钢结构建筑生产示范基地，整合钢构件、内外墙板、楼板、一体化装修材料等上下游部品部件生产。支持部品部件生产企业完善产品品种和规格，促进标准化、专业化、规模化、信息化生产，优化物流管理，合理组织配送。积极引导设备制造企业研发部品部件生产装备机具，提高自动化和柔性加工技术水平。建立部品部件质量验收机制，确保产品质量。

**（七）提升装配施工水平**

引导企业研发应用与装配式施工相适应的技术、设备和机具，特别是加快研发应用装配式建筑关键连接技术和检测技术，提高部品部件的装配施工质量和建筑安全性能。鼓励企业创新施工组织方式，推行绿色施工，应用结构工程与分部分项工程协同施工新模式。支持施工企业总结编制施工工法，提高装配施工技术水平，实现技术工艺、组织管理、技能队伍的转变，打造一批具有较高装配施工技术水平的骨干企业。

**（八）推进建筑全装修**

实行装配式建筑装饰装修与主体结构、机电设备协同施工。积极推广标准化、集成化、模块化的装修模式，推广整体厨卫、同层排水、轻质隔墙板等材料、产品和设备管线集成化技术，加快智能产品和智慧家居的应用，提高装配化装修水平。倡导菜单式全装修，满足消费者个性化需求。本市保障性住房项目全部实施全装修成品交房，鼓励装配式装修；支持其他采用装配式建筑的住宅项目实施全装修成品交房。

**（九）推广绿色建材**

提高绿色建材在装配式建筑中的应用比例。开发应用品质优良、节能环保、功能良好的新型建筑材料，加快推进绿色建材评价。鼓励装饰与保温隔热材料一体化应用。推广应用高性能节能门窗、夹心保温复合墙体、叠合楼板、预制楼梯以及成品钢筋，积极推进临时建筑、道路硬化、工地临时性设施等配套设施使用可装配、可重复使用的建材和部品部件。强制淘汰不符合节能环保要求、质量性能差的建筑材料。

**（十）推行工程总承包**

装配式建筑原则上应采用工程总承包模式，可按照技术复杂类工程项目招投标。工程总承包企业要对工程质量、安全、进度、造价负总责。健全与装配式建筑工程总承包相适应的发包承包、施工许可、分包管理、工程造价、质量安全监管、竣工验收等制度，优化项目管理方式，实现工程设计、部品部件生产、施工及采购的统一管理和深度融合。鼓励装配式建筑产业技术创新联盟发展，加大研发投入，增强创新能力。支持大型设计、施工和部品部件生产企业通过调整组织架构、健全管理体系，向具有工程管理、设计、施工、生产、采购能力的工程总承包企业转型。

**（十一）确保工程质量安全**

完善装配式建筑工程质量安全管理制度，健全质量安全责任体系，落实各方主体责任。加强全过程监管，制定针对装配式建筑的分段验收方案，对全装修成品交房项目实施主体与装修分界验收。加强部品部件生产企业质量管控，实施装配式建筑部品认定和目录管理，对主要承重构件和具有重要使用功能的部品部件进行驻厂监造。施工企业要加强施工过程质量安全控制和检验检测，完善质量保证体系，在建筑物明显部位设置永久性标牌，公示质量安全责任主体和主要责任人。加强行业监管，明确符合装配式建筑特点的施工图审查要求，加大抽查抽测力度，严肃查处质量安全违法违规行为。依托互联网技术，建立涵盖本市装配式建筑项目建设管理全过程的大数据平台，实现发展改革、规划国土、住房城乡建设等部门以及相关企业的数据共享，实现工程质量可查询可追溯。

## 三、保障措施

### （十二）健全工作机制

建立市发展装配式建筑工作联席会议制度，组织、协调和指导全市装配式建筑发展工作。联席会议成员单位包括：市住房城乡建设委、市发展改革委、市教委、市科委、市经济信息化委、市财政局、市人力社保局、市规划国土委、市环保局、市国资委、市地税局、市质监局、市金融局、市国税局、人民银行营业管理部等，联席会议办公室设在市住房城乡建设委。各成员单位要按照职责分工，制定具体配套措施，密切协作配合，加大支持力度，扎实做好发展装配式建筑各项工作。各区政府要加强对本区发展装配式建筑工作的组织领导，建立相应的工作机制，明确目标任务，加强督促检查，确保落到实处。

### （十三）细化责任分工

市住房城乡建设委要加强统筹协调，会同有关部门制定装配式建筑年度发展计划及具体实施范围，将发展装配式建筑相关要求落实到项目规划审批、土地供应、项目立项、施工图审查等各环节，并定期通报各有关单位推进装配式建筑工作进展情况；加强装配式建筑项目施工许可、施工登记和施工质量安全管理，对不符合验收标准的项目依法不予进行竣工备案。市发展改革委负责在立项阶段对项目申请报告或可行性研究报告落实装配式建筑要求的有关内容进行审查。市规划国土委负责加强装配式建筑项目规划行政许可、施工图审查的管理，制定和完善装配式建筑设计文件深度规定和施工图审查要点，在规划条件和选址意见书中明确装配式建筑的实施要求并在土地供应中予以落实。

**（十四）加大政策支持**

一是对于实施范围内的装配式建筑项目，在计算建筑面积时，建筑外墙厚度参照同类型建筑的外墙厚度。建筑外墙采用夹心保温复合墙体的，其夹心保温墙体外叶板水平投影面积不计入建筑面积。对于未在实施范围内的非政府投资项目，凡自愿采用装配式建筑并符合实施标准的，给予实施项目不超过 3% 的面积奖励。

二是由财政部门研究制定装配式建筑项目专项奖励政策，对于实施范围内的预制率达到 50% 以上、装配率达到 70% 以上的非政府投资项目予以财政奖励；对于未在实施范围的非政府投资项目，凡自愿采用装配式建筑并符合实施标准的，按增量成本给予一定比例的财政奖励。鼓励金融机构加大对装配式建筑项目的信贷支持力度。

三是对于符合新型墙体材料目录的部品部件生产企业，可按规定享受增值税即征即退优惠政策。符合高新技术企业条件的装配式建筑部品部件生产企业，经认定后可依法享受相关税收优惠政策。

四是在本市建筑行业相关评优评奖中，增加装配式建筑方面的指标要求。采用装配式建筑的商品房开发项目在办理房屋预售时，可不受项目建设形象进度要求的限制。

**（十五）加强科技创新**

加大科研攻关力度，研发一批拥有自主知识产权、具有国际先进水平的关键技术，形成适应装配式建筑发展的技术支撑体系。推动技术集成创新，鼓励应用绿色建筑技术、超低能耗节能技术、智能建筑技术。建立市装配式建筑专家委员会，参与研究制定本市装配式建筑的技术发展战略、发展规划和技术政策。

（十六）强化队伍建设

大力培养装配式建筑设计、生产、施工、管理等专业人才。鼓励高等学校、职业学校设置装配式建筑相关课程，推动装配式建筑企业开展校企合作，创新人才培养模式。在建筑行业专业技术人员继续教育中增加装配式建筑相关内容。制定装配式建筑岗位标准和要求，加大职业技能培训投入，建立培训基地，加强岗位技能提升培训，采取多种方式促进建筑业农民工向技术工人转型。加强国际交流合作，积极引进海外专业人才参与装配式建筑的研发、生产和管理。

（十七）做好宣传引导

充分利用各种媒体平台，通过现场会、论坛、展会、专题报道等形式，广泛宣传装配式建筑相关知识和发展装配式建筑的经济社会效益，提高社会认知度，营造有利于装配式建筑发展的良好氛围，促进装配式建筑相关产业和市场发展。

北京市人民政府办公厅

2017 年 2 月 22 日

# 附录三

## 河北省人民政府办公厅<br>关于大力发展装配式建筑的实施意见

冀政办字〔2017〕3号

各市（含定州、辛集市）人民政府，各县（市、区）人民政府，省政府各部门：

装配式建筑是用预制部品部件在工地装配而成的建筑。为贯彻落实《国务院办公厅关于大力发展装配式建筑的指导意见》（国办发〔2016〕71号）精神，加快我省装配式建筑发展，经省政府同意，结合我省实际，提出如下实施意见。

### 一、总体要求

（一）指导思想。认真落实党中央、国务院和省委、省政府决策部署，抓住京津冀协同发展和新型城镇化发展机遇，牢固树立和贯彻落实创新、协调、绿色、开放、共享的发展理念，按照适用、经济、安全、绿色、美观的要求，坚持市场主导、政府推动、典型示范、重点推进的原则，把钢结构建筑作为建造方式创新的主攻方向，大力发展装配式混凝土建筑，在具备条件的地方倡导发展现代木结构建筑，不断提高装配式建筑在新建建筑中的比例。通过标准化设计、工厂化生产、装配化施工、一体化装修、信息化管理、智能化应用，提高建筑技术水平和工程质量，促进建筑业转型升级和产业现代化水平。

（二）工作目标。力争用10年左右的时间，使全省装配式建筑占新建建筑面积的比例达到30%以上，形成适应装配式建筑发展的市场机制和环境，建立完善的法规、标准和监管体系，培育一大批设计、施工、部品部件规模化生产企业、具备现代装配建造技术水平的工程总承包企业以及与之相适应的专业化技能队伍。张家口、石家庄、唐山、保定、邯郸、沧州市和环京津县（市、区）率先发展，其他市、县加快发展。

## 二、重点任务

（一）加快制定标准。以钢结构住宅为重点，加强技术创新，促进成熟的关键技术和成套技术研究成果转化为标准规范，完善装配式建筑防火抗震防灾标准，与国家标准、行业标准配套形成覆盖设计、生产、施工和使用维护全过程的装配式建筑标准规范体系。支持省内有能力的企业参与编制装配式建筑国家标准、行业标准，加强我省地方标准与北京、天津地方标准的衔接，提升企业在京津冀装配式建筑发展中的竞争力。强化建筑材料标准、部品部件标准、工程标准的衔接，提升建材产品对新型建造方式的适应能力和部品部件的系列化、通用化水平。完善不同类型的装配式建筑工程定额等计价依据。

（二）提高设计能力。推广通用化、模数化、标准化设计方式，鼓励和引导设计单位提高统筹建筑结构、机电设备、部品部件、装配施工、装饰装修的装配式建筑集成设计能力，提高各专业协同设计能力，加强对装配式建筑建设全过程的指导和服务。鼓励设计单位参与开发装配式建筑设计技术，大力应用成熟的通用设计软件。

（三）发展部品部件。引导建筑行业部品部件生产企业面向我省区域中心城市、节点城市和京津两大市场合理布局，降低运输成本。鼓励有条件的钢铁企业调整产品结构，提高建筑用钢的防火、防腐性能，生产符合模数的建筑用钢。支持部品部件生产企业完善产品品种和规格，实现清洁生产，优化物流管理。支持墙材生产企业重点发展保温隔热及防火性能良好、施工便利、轻质高强、使用寿命长的墙体和屋面材料，开发推广保温与结构、装饰一体化的配套墙体材料。引导设备制造企业研发部品部件生产装备机具，提高自动化和柔性加工技术水平。建立部品部件验收机制，确保产品质量。

（四）提升施工水平。鼓励企业加快发展满足结构安全需要并易于施工的高效连接技术，提高部品部件的装配施工连接质量和建筑安全性能。鼓励企业研发适合装配式建筑施工特点的设备和机具，提高劳动生产率和质量控制水平。鼓励企业创新施工组织方式，推行绿色施工，应用结构工程与分部分项工程协同施工新模式。支持我省施工企业编制施工工法，加快技术工艺、组织管理、技能队伍的转变，提高装配施工能力。

（五）推进建筑全装修。推行装配式建筑装饰装修与主体结构、机电设备协同施工，推广标准化、集成化、模块化的装修模式，倡导菜单式全装修。促进整体厨卫、轻质隔墙等材料、产品和设备管线集成化技术的应用，提高装配化装修水平，满足消费者装修的个性化需要。

（六）推广绿色建材。加快推进绿色建材评价，建立绿色建材评价标识制度，制定各类建材产品的绿色评价技术要求，发布绿色建材产品目录，大力推广节能环保、资源综合利用水平高、功能良好、品质优良的新型绿色建材。构建绿色建材选用机制，提高绿色建材在装配式建筑中的应用比例。

（七）培育龙头企业。整合资源，构建装配式建筑相关企业组成的产业联盟。支持国外、省外优势企业与本省企业合作，提升本省企业技术水平和综合实力。支持有条件的钢铁企业、特一级建筑业企业、一级房地产开发企业、甲级建筑设计企业和有一定影响的部品部件生产企业转型升级，发展成为设计、生产、施工一体化的装配式建筑龙头企业。大力培育装配式建筑生产基地，促进上下游产业链的联动发展。

（八）推行工程总承包。装配式建筑原则上采用工程总承包模式，可按照技术复杂类工程项目招投标。支持大型设计、施工和部品部件生产企业通过调整组织架构，健全管理体系，向具有工程管理、设计、生产、施工、采购能力的工程总承包企业转型，培育一批工程总承包骨干企业。健全与装配式建筑总承包相适应的发包承包、施工许可、分包管理、工程造价、质量安全监管、竣工验收等制度，实现工程设计、部品部件生产、施工及采购的统一管理和深度融合。

（九）确保质量安全。完善装配式建筑工程施工图审查、建设监理、质量安全、竣工验收等管理制度，健全质量安全责任体系，落实各方主体质量安全责任；建设工程竣工后，要在建筑物明显部位设置永久性标牌，公示质量安全责任主体和主要责任人。加强全过程监管，建设和监理等相关方可采用驻厂监造等方式加强部品部件生产质量管控，并加大对结构部分现场浇筑环节、预制构件连接节点和吊装作业工程的抽查力度；施工企业要加强施工过程质量安全控制和检验检测，完善装配施工质量保证体系。加强行业监管，明确装配式建筑工程施工图审查要求和质量、安全监管要点，建立全过程质量追溯制度，加大抽查抽测力度，严肃查处质量安全违法违规行为。

（十）推动装配式建筑与信息化深度融合。支持工程总承包企业推广应用先进适用的项目管理软件，建立与工程总承包管理相适应的信息网络平台，完善相关数据库，提高数据统计、分析和管控水平。积极应用建筑信息模型技术，提高装配式建筑设计阶段各专业的协同能力，提升项目设计、生产、施工、装修、运营管理等各环节的协同能力，实现产业链各环节和建造、运营各方主体的数据共享，推动实现装配式建筑设计、生产、施工、装修、运营管理全过程的信息化。

## 三、政策支持

（一）用地支持政策。将装配式建筑园区和基地建设纳入相关规划，优先安排建设用地。住房城乡建设部门要依据有关规定，明确装配式建造方式的具体要求或面积比例，并提供给城乡规划部门。城乡规划部门在编制和修改控制性详细规划时，应增加建造方式的控制内容；在规划实施管理过程中，应将建造方式的控制内容纳入规划条件。国土资源部门应当落实该控制性详细规划，在用地上予以保障。

（二）财政支持政策。符合条件的装配式建筑企业享受战略性新兴产业、高新技术企业和创新性企业扶持政策。政府投资或主导的项目采用装配式建造方式的，增量成本纳入建设成本。在2020年底前，对新开工建设的城镇装配式商品住宅和农村居民自建装配式住房项目，由项目所在地政府予以补贴，具体办法由各市（含定州、辛集市）制定。

扩大科技创新项目扶持资金支持范围，将装配式建筑发展列入各级科技计划指南重点支持领域。鼓励以装配式建筑技术研究为重点攻关方向以及绿色建材生产骨干企业联合高等学校、科研院所，申报省级以上重点（工程）实验室或工程（技术）研究中心。支持钢铁生产企业进行钢结构建筑生产技术改造，优先列入省工业企业技术改造项目库，对符合条件的项目，给予一定的技改资金支持。支持装配式建筑标准编制工作，对参与编制省级及以上标准的给予资金支持。

（三）税费优惠政策。对引进大型专用先进设备的装配式建筑生产企业，按照规定落实引进技术设备免征关税、重大技术装备进口关键原材料和零部件免征进口关税及进口环节增值税、企业购置机器设备抵扣增值税、固定资产加速折旧政策。企业销售自产的经认定列入《享受增值税即征即退政策的新型墙体材料目录》的装配式预制复合墙板（体）材料，按规定享受增值税即征即退 50% 的政策。

（四）金融支持政策。对建设装配式建筑园区、基地、项目及从事技术研发等工作且符合条件的企业，金融机构要积极开辟绿色通道，加大信贷支持力度，提升金融服务水平。

（五）行业引导政策。装配式建筑墙体材料生产企业达到国家鼓励类墙体材料产品和相关规定的，优先列入省新型墙体材料生产示范项目，预制部品部件纳入《河北省建设工程材料设备推广使用产品目录》。将建筑业企业承建装配式建筑项目情况，纳入省建筑业企业信用综合评价指标体系。在人居环境奖评选、生态园林城市评估、绿色建筑评价等工作中增加装配式建筑方面的指标要求。在评选优质工程、优秀工程设计和考核文明工地时，优先考虑装配式建筑。

（六）优化发展环境。各级公安和交通运输部门在职能范围内，对运输超高、超宽部品部件（预制混凝土构件、钢构件等）运载车辆，在运输、交通通畅方面给予支持。在《河北省重污染天气应急预案》Ⅰ级应急响应措施发布时，装配式建筑施工工地可不停工，但不得从事土石方挖掘、石材切割、渣土运输、喷涂粉刷等作业。采用装配式建造方式的商品住宅项目，在办理规划审批手续时，其外墙预制部分的建筑面积（不超过规划总建筑面积的 3%）可不计入成交地块的容积率；允许将预制构件投资计入工程建设投资额，纳入进度衡量。

## 四、保障措施

（一）加强组织领导。建立由分管副省长为召集人，省发展改革委、省教育厅、省科技厅、省工业和信息化厅、省财政厅、省人力资源社会保障厅、省国土资源厅、省环境保护厅、省住房城乡建设厅、省质监局等部门参加的河北省装配式建筑发展联席会议制度，统筹规划、组织协调、整体推进全省装配式建筑发展。联席会议办公室设在省住房城乡建设厅。各市、县政府也要建立相应的制度，研究提出本地装配式建筑发展目标和任务，建立健全工作机制，完善配套政策，确保各项任务落到实处。

（二）加强工作推动。将发展装配式建筑作为贯彻落实中央和省城市工作会议精神的重要工作，列入城市规划建设管理工作监督考核指标体系，定期通报考核结果，从项目数量、项目储备、开工情况、竣工情况等方面进行综合评价，实行半年考评、年终考核。

从项目前期开始，以规划为龙头，区别不同地段、不同类型建筑，明确建造方式。在技术条件成熟和满足使用功能需要的情况下，政府投资或主导的公共建筑项目一般应采用装配式建造方式。政府投资或主导的棚户区改造项目，要安排不低于5%的项目开展钢结构等装配式建筑规模化示范。鼓励房地产开发企业建设装配式特别是钢结构住宅。督促工业企业采用钢结构建设大跨度厂房、仓储设施。鼓励施工企业采用可重复使用的装配式临建、临时道路和施工围挡。结合美丽乡村建设，在农村居民自建住房项目中大力开展装配式住房试点。张家口、石家庄、唐山、保定、邯郸、沧州市要根据当地情况划定一定范围全面推行装配式建造方式。鼓励其他市、县根据当地情况划定一定范围全面推行装配式建造方式。

（三）加强技术攻关。进一步加大对装配式建筑技术研发的支持和资金投入，将装配式建筑技术列为科技创新体系重点建设内容，发挥高等学校、科研院所人才和技术集中优势，加大科研攻关力度，尽快形成一批拥有自主知识产权、具有先进水平的关键技术，建立适应装配式建筑发展的技术支撑体系，解决制约装配式建筑发展的核心问题。

（四）加强队伍建设。建立多层面的培训体系，加快培育装配式建筑专业技术人才，着力提升行业从业人员素质。鼓励省内高等学校、职业学校设置装配式建筑相关课程，推动校企合作，加强装配式建筑实践，创新人才培养模式。完善建筑行业专业技术人员继续教育，开展专业技术技能训练、岗位操作培训等，增加装配式建筑相关内容，培养装配式建筑设计、生产和施工专业技术人才。研究适合装配式建筑发展的用工制度，合理配置装配式建筑技术工种，形成规模化、专业化的装配式建筑产业工人队伍。加大职业技能培训资金投入，多渠道建立培训基地，加强岗位技能提升培训，促进建筑业农民工向技术工人转型。

（五）加强宣传引导。充分利用电视、广播、报刊、网络等媒体，通过多种形式深入宣传发展装配式建筑的经济社会效益，广泛宣传装配式建筑基本知识和支持政策，提高公众对装配式建筑的认知度，营造各方共同关注、支持装配式建筑发展的良好氛围。及时总结成功经验，通过典型引路，引导企业参与装配式建筑发展，提升建筑科技水平。

河北省人民政府办公厅

2017 年 1 月 13 日

附录四

# 关于印发《2021 年全省建筑节能与科技工作要点》的通知

各市（含定州、辛集市）住房和城乡建设局（建设局）、城市管理综合行政执法局，石家庄市园林局，雄安新区管委会建设和交通管理局：

现将《2021 年全省建筑节能与科技工作要点》印发给你们，请结合实际，抓好贯彻落实。

河北省住房和城乡建设厅

2021 年 3 月 23 日

## 2021 年全省建筑节能与科技工作要点

### 一、工作思路

以习近平新时代中国特色社会主义思想为指导，认真贯彻落实中央和我省系列会议精神，按照省委、省政府和住房城乡建设部工作要求，立足新发展阶段，贯彻新发展理念，构建新发展格局，着力提升建筑能效和建设科技创新水平，大力发展绿色建筑、被动式超低能耗建筑、装配式建筑，扎实推进行业标准化、信息化工作，助推河北省住房城乡建设事业高质量发展。

### 二、目标任务

2021 年，全省城镇新建绿色建筑占新建建筑比例达到 90% 以上，新开工被动式超低能耗建筑面积 160 万平方米，新开工装配式建筑占城镇新建建筑面积比例达到 25% 以上，完成 10 项以上新技术应用示范工程。

## 三、重点工作

### （一）促进绿色建筑高质量发展

1. 推动各地绿色建筑专项规划落地落实，开展绿色建筑专项规划实施评估等课题研究。

2. 推进落实《河北省绿色建筑创建行动实施方案（2020—2022 年）》，完成阶段性目标。

3. 依照住房城乡建设部《绿色建筑标识管理办法》，颁布实施《河北省绿色建筑标识管理办法》。

4. 支持雄安新区“绿色建筑发展示范区”建设，做好雄安新区绿色建筑建设相关指导服务工作。

5. 严格组织开展对城镇居住建筑 75%、公共建筑 65% 节能标准执行情况的监督，因地制宜推进既有建筑实施节能改造和可再生能源建筑应用。

6. 组织实施全国统一的绿色建材标准、认证和标识制度，引导我省优秀建材企业积极申报星级绿色建材。

### （二）大力发展被动式超低能耗建筑

1. 贯彻《支持被动式超低能耗建筑产业发展若干政策》，推进被动式超低能耗建筑规模化发展，石家庄、保定、唐山市新开工建设 20 万平方米，其他设区市新开工建设 12 万平方米，定州、辛集市新开工建设 2 万平方米。重点抓好一批政府投资或以政府投资为主的学校、公共建筑等被动式超低能耗建筑示范项目。

2. 落实《关于加强被动式超低能耗建筑工程质量管理的若干措施》，实施建设全过程闭合管理和关键环节重点监管，组织开展在建工程质量专项检查。

3. 按照省被动式超低能耗建筑产业发展领导小组要求，建立健全考核评价、会商研判等机制和督导检查制度，压实责任，统筹推进工作开展。

4. 修编《被动式超低能耗建筑评价标准》《被动式超低能耗建筑节能检测标准》等标准。

5. 组织开展全省被动式超低能耗建筑相关标准和专业知识培训，全面提升行业人员专业素质水平。

6. 持续加大被动式超低能耗建筑支持政策、技术标准、知识问答等宣传力度，不断提高社会认知度。

**（三）扎实推进装配式建筑建设**

1. 印发《关于加快新型建筑工业化发展的若干意见》，编制新型建筑工业化专项规划和年度发展计划。

2. 督促各地加大项目建设，提高装配式建筑占比。

3. 继续培育装配式建筑产业基地，推动构件和部件标准化，进一步提高基地覆盖率和发展质量。

4. 重点抓好唐山市、沧州市钢结构装配式住宅建设试点工作，督促两市各新开工钢结构装配式住宅 5 万平方米以上。

**（四）加大建设科技创新力度**

1. 围绕城市更新与品质提升、城乡基础设施体系化建设、智能建造与新型建筑工业化、绿色宜居美丽乡村建设、高品质绿色建筑等方面，开展关键共性技术攻关，完成 10 项以上高水平科研成果。

2. 加强科技成果和新技术推广应用，推进超低能耗建筑、装配式建筑、绿色施工、绿色建筑（三星级）、行业信息化等建设科技示范工程建设；抓好地基基础和地下空间工程技术、钢筋与混凝土技术、钢结构技术及抗震、加固与监测技术等住房城乡建设部建筑业 10 项新技术的推广应用。

3. 总结省住房城乡建设厅 9 项信息化示范工程经验和做法，加大推广应用力度；启动省级城市信息模型（CIM）基础平台建设工作，指导具备条件的城市推进相关工作。

4. 完善工程建设标准体系，研究制定《百年住宅设计标准》《百年公共建筑设计标准》《雄安新区轨道快线设计标准》等 20 项标准，支持服务雄安新区工程建设标准体系建设，完成剩余 11 项京津冀协同发展标准编制。

**（五）切实做好其他行业管理相关工作**

1. 按照“双随机、一公开”要求，组织开展全省建筑节能、绿色建筑、装配式建筑和建筑工程材料设备管理专项检查，强化行业监督管理。

2. 加大工作宣传力度，坚持日常宣传与集中宣传相结合、传统媒体与新媒体相结合，构建多渠道、全方位的宣传格局，形成工作听得到声音、看得到实效的良好氛围。

附录五

# 石家庄市人民政府<br>关于大力发展装配式建筑的实施意见

## 一、指导思想

以创新、协调、绿色、开放、共享的发展理念为指导，按照适用、经济、安全、绿色、美观的要求，大力发展装配式建筑，不断提高装配式建筑在新建建筑中的比例，提升建筑品质，推动绿色建筑发展，提高建筑产业化水平。

## 二、工作目标

2018 年起，桥西区、裕华区、长安区、新华区、鹿泉区、栾城区、藁城区、高新区、正定县（含正定新区）、平山县政府投资项目 50% 以上采用装配式建造方式建设，非政府投资项目 10% 以上采用装配式建造方式建设。其他县（市、区）要积极探索试点装配式建筑工作，逐步推进项目落实。

2020 年起，桥西区、裕华区、长安区、新华区、高新区新建建筑面积 40% 以上采用装配式建造，鹿泉区、栾城区、藁城区、正定县（含正定新区）、平山县新建建筑面积 30% 以上采用装配式建造，其他县（市、区）新建建筑面积 20% 以上采用装配式建造。

到 2025 年，桥西区、裕华区、长安区、新华区新建建筑凡适合装配式方式建造的，全部采用装配式建造。全市政府投资项目 100% 采用装配式建造方式建设，非政府投资项目 60% 以上采用装配式建造方式建设。石家庄市装配式建筑的发展环境、市场机制和服务体系基本形成，技术体系基本完备，管理制度相对完善，人才队伍培育机制基本建立，关键技术和成套技术应用逐步成熟，形成能够服务于京津冀地区的装配式建筑生产和服务体系，装配式建造方式成为主要建造方式之一，不断提高装配式建筑在新建建筑中的比例。

积极推广农村装配式低层住宅。各县（市、区）要结合美丽乡村和特色小城镇建设，大力推动农村住宅转变建造方式，在村民自建住房项目中开展低层装配式混凝土结构、钢结构建筑试点，提高建筑品质和居住舒适度。同时，结合旅游景区建设，倡导发展现代木结构建筑。

## 三、重点任务

### （一）大力培育扶持装配式建筑产业基地

一是培育龙头企业。整合资源，引导装配式建筑相关企业组成产业联盟。支持外地优势企业与本市企业合作，提升本市企业技术水平和综合实力。支持有条件的钢铁企业、建筑业企业、房地产开发企业、建筑设计企业和有一定影响的部品部件生产企业转型升级，发展成为设计、生产、施工一体化的装配式建筑龙头企业。大力培育装配式建筑产业基地，促进上下游产业链的联动发展。

二是发展部品部件。引导建筑行业部品部件生产企业合理布局，降低运输成本。鼓励有条件的钢铁企业调整产品结构，生产符合模数的建筑用钢。支持部品部件生产企业完善产品品种和规格，实现清洁生产，优化物流管理。支持墙材生产企业重点发展保温隔热及防火性能良好、施工便利、轻质高强、使用寿命长的墙体和屋面材料，开发推广保温与结构、装饰一体化的配套墙体材料。引导设备制造企业研发部品部件生产装备机具，提高自动化和柔性加工技术水平。建立部品部件验收机制，确保产品质量。

### （二）不断提升装配式建筑工程质量

一是提高设计能力。装配式建筑设计文件应符合《建筑工程设计文件编制深度规定》，并编制设计专篇。推广通用化、模数化、标准化设计方式，鼓励和引导设计单位提高统筹建筑结构、机电设备、部品部件、装配施工、装饰装修的装配式建筑集成设计能力，提高各专业协同设计能力，加强对装配式建筑建设全过程的指导和服务。鼓励设计单位参与开发装配式建筑设计技术，大力应用成熟的设计软件。

二是提升施工水平。鼓励企业加快发展满足结构安全需要并易于施工的高效连接技术，提高部品部件的装配施工连接质量和建筑安全性能。鼓励企业研发适合装配式建筑施工特点的设备和机具，提高劳动生产率和质量控制水平。鼓励企业创新施工组织方式，推行绿色施工，应用结构工程与分部分项工程协同施工新模式。支持我市施工企业编制施工工法，加快技术工艺、组织管理、技能队伍的转变，提高装配施工能力。

三是确保质量安全。完善装配式建筑工程施工图审查、建设监理、质量安全、竣工验收等管理制度，健全质量安全责任体系，落实各方主体质量安全责任。建设工程竣工后，要在建筑物明显部位设置永久性标牌，公示质量安全责任主体和主要责任人。加强全过程监管，建设和监理等相关方可采用驻厂监造等方式加强部品部件生产质量管控，并加大对结构部分现场浇筑环节、预制构件连接节点和吊装作业工程的抽查力度。施工企业要加强施工过程质量安全控制和检验检测，完善装配施工质量保证体系。装配式建筑的各项技术要求应满足消防规范的规定。建立全过程质量追溯制度，加大抽查抽测力度，严肃查处质量安全违法违规行为。

### （三）实施新型建设、管理模式

一是推行工程总承包。装配式建筑原则上采用工程总承包模式，可按照技术复杂类工程项目招投标。支持大型设计、施工和部品部件生产企业通过调整组织架构、健全管理体系，向具有工程管理、设计、生产、施工、采购能力的工程总承包企业转型，培育一批工程总承包骨干企业。健全与装配式建筑总承包相适应的发包承包、施工许可、分包管理、工程造价、质量安全监管、竣工验收等制度，实现工程设计、部品部件生产、施工及采购的统一管理和深度融合。

二是推进建筑全装修。推行装配式建筑装饰装修与主体结构、机电设备协同施工，推广标准化、集成化、模块化的装修模式，倡导菜单式全装修。促进整体厨卫、轻质隔墙等材料、产品和设备管线集成化技术的应用，提高装配化装修水平，满足消费者装修的个性化需要。

三是推广绿色建材。加快推进绿色建材评价，建立绿色建材评价标识制度，大力推广节能环保、资源综合利用水平高、功能良好、品质优良的新型绿色建材。构建绿色建材选用机制，提高绿色建材在装配式建筑中的应用比例。

### （四）推动装配式建筑与信息化深度融合

支持工程总承包企业推广应用先进适用的项目管理软件，建立与工程总承包管理相适应的信息网络平台，完善相关数据库，提高数据统计、分析和管控水平。积极应用建筑信息模型技术，提高装配式建筑设计阶段各专业的协同能力，提升项目设计、生产、施工、装修、运营管理等各环节的协同能力，实现产业链各环节和建造、运营各方主体的数据共享，推动实现装配式建筑设计、生产、施工、装修、运营管理全过程的信息化。

## 四、政策支持

（一）将装配式建筑产业基地建设纳入相关规划，列入战略性新兴产业，对装配式建筑产业基地和采用装配式方式建设的商品房项目，优先保障用地。

（二）在办理规划审批（验收）时，对采用装配式方式建设且装配率达到50%（含）以上的商品房建筑，按其地上建筑面积3%给予奖励，不计入项目容积率；对采用装配式方式建设且达到评价等级A级及以上的商品房建筑，按其地上建筑面积4%给予奖励，不计入项目容积率。奖励的不计入容积率面积，不再增收土地价款及城建配套费用。

（三）在施工当地没有或只有少数几家装配式生产、施工企业的，政府投资项目招标时可以采用邀请招标方式进行。

（四）对采用装配式方式建设的商品房建筑，投入开发建设资金达到工程建设总投资的25%以上和施工进度达到主体施工的装配式建筑（已取得《建筑工程施工许可证》），可申请办理《商品房预售许可证》；装配式建筑在办理商品房价格备案时，可上浮30%。

（五）2020年底前，对新开工建设的城镇装配式商品住宅（以取得《建筑工程施工许可证》时间为准）和农村居民自建装配式住房项目（以竣工时间为准），由项目所在地县（市、区）政府按照 50 ～ 100 元 / 平方米予以补贴，单个项目补贴不超过 100 万元，具体办法由各县（市、区）制定。桥西区、裕华区、长安区、新华区的项目补贴，市、区财政各负担 50%。

（六）公安和交通运输部门在职能范围内，在确保安全的基础上，对运输超高、超宽部品部件（预制混凝土构件、钢构件等）运载车辆，在运输、交通通畅方面给予支持。

（七）在《石家庄市建设领域重污染天气应急预案》Ⅰ级应急响应措施发布时，装配式建筑施工工地可不停工，但不得从事土方挖掘、石材切割、渣土运输、喷涂粉刷、砂浆现场搅拌等作业。

## 五、保障措施

（一）加强组织领导。成立由主管副市长为组长，主管副秘书长、市住建局局长为副组长，市住建局、市发改委、市行政审批局、市科技局、市工信局、市财政局、市国土局、市规划局、市环保局、市质监局、市公安局、市交通局等部门参加的市装配式建筑发展领导小组，定期召开联席会议，统筹规划、组织协调、整体推进全市装配式建筑发展。领导小组办公室设在市住建局，负责协调发展装配式建筑的各项工作，并对各县（市、区）和有关部门推进装配式建筑工作情况进行督导、考核。各县（市、区）政府也要成立相应的组织，研究提出本地装配式建筑发展目标和任务，建立健全工作机制，完善配套政策，确保各项任务落到实处。

（二）强化各部门职能。各有关部门要严格按照市政府确定的装配式建筑发展目标，认真履行职责，确保工作落实到位。住房和城乡建设部门负责装配式建筑的统筹协调工作。行政审批部门负责立项阶段的审批、核准和备案工作，加快超限运输车辆的审批。国土部门负责按照装配式建筑发展目标要求，保障装配式建筑项目用地，并依据规划、住建等部门的具体要求在招拍挂文件中予以明确。规划部门负责在规划审批环节提出按规定比例落实装配式建筑项目要求，并明确到具体单体工程，严格把关。交通运输、交管部门负责对运输不可解体超载、超限部品部件运载车辆通行给予保障。财政部门按政策负责支持资金的落实。质量技术监督部门负责装配式建筑基地部品部件质量的监管。其他有关市政府部门按照各自职责，负责做好支持建筑产业化工作。

对未按要求建设装配式建筑的，在项目审批和备案环节，规划、住建、审批部门不予办理规划审批、节能备案和施工许可。

（三）完善专家论证组织机制。由市领导小组办公室会同相关部门组建装配式建筑专家委员会。专家委员会的委员由装配式建筑领域的专家组成。装配式建筑专家委员会负责参与研究和制定装配式建筑技术政策、发展规划以及重大科技项目的选题论证；负责承担试点项目评估评价、新技术和新工艺论证、部品认证、住宅性能认定等装配式建筑相关技术服务指导工作。专家委员会论证意见作为项目享受各项优惠激励政策的主要依据。

（四）加强队伍建设。加快培育装配式建筑专业技术人才，着力提升行业从业人员素质。完善建筑行业专业技术人员继续教育，开展专业技术技能训练、岗位操作培训等，增加装配式建筑相关内容，培养装配式建筑设计、生产和施工专业技术人才。研究适合装配式建筑发展的用工制度，合理配置装配式建筑技术工种，形成规模化、专业化的装配式建筑产业工人队伍。加大职业技能培训资金投入，多渠道建立培训基地，加强岗位技能提升培训，促进建筑业农民工向技术工人转型。

（五）加强宣传引导。充分利用电视、广播、报刊、网络等媒体，通过多种形式深入宣传发展装配式建筑的经济社会效益，广泛宣传装配式建筑基本知识和支持政策，提高公众对装配式建筑的认知度，营造各方共同关注、支持装配式建筑发展的良好氛围。及时总结成功经验，通过典型引路，引导企业参与装配式建筑发展，提升建筑科技水平。

附录六

# 秦皇岛市人民政府办公厅关于大力推进建筑产业现代化发展的实施意见

各县、区人民政府，开发区、北戴河新区管委，市政府各部门，各有关单位：为加快推进我市建筑产业现代化发展，促进节能减排和产业结构调整，改善人居环境，提高建筑工程质量，实现“四市”战略，贯彻落实国务院办公厅《关于大力发展装配式建筑的指导意见》（国办发〔2016〕71号）、河北省人民政府《关于推进住宅产业现代化的指导意见》（冀政发〔2015〕5号）、河北省人民政府《关于大力发展装配式建筑的实施意见》（冀政办字〔2017〕3号）和《关于钢铁行业化解过剩产能实现脱困发展的实施意见》（冀政发〔2016〕28号）文件精神，结合我市实际，提出以下意见：

## 一、总体要求

坚持市场主导、政府推动；坚持分区推进、逐步推广；坚持顶层设计、协调发展，实现“技术与标准、体制与机制、布局与产品、队伍与技能”四轮驱动，协同推进。通过大力推进建筑产业现代化发展，推进建筑业与建材业深度融合，提高科技含量和生产效率，保障建筑质量安全，带动我市建材、节能、环保等相关产业发展，促进建筑业转型升级。

## 二、发展目标

（一）试点期（2017年）。自2017年5月22日起，全市行政区域内新建保障性住房项目和政府投资项目（除2017年底前使用省级以上财政资金占主导地位，且已下达资金计划的项目外）应当采用装配式方式建造。鼓励其他新建建筑采用装配式方式建造。积极培育市场主体和引进装配式建筑设计、部品部件生产和施工企业，完成省级建筑产业现代化综合试点城市创建工作。

（二）推广期（2018 年至 2022 年）。2018 年 1 月 1 日起，全市行政区域内 5000 平方米以上新建公共建筑应采用装配式方式建造。到 2022 年，秦皇岛经济技术开发区、北戴河新区装配式建筑占新建建筑面积比例达到 60% 以上，其他四区和三县分别达到 40%、30% 以上。新增省级建筑产业现代化基地 2 家，力争建成国家住宅产业化基地 1 家。

（三）发展期（2023 年至 2025 年）。全市装配式建筑占新建建筑面积比例达到 60% 以上。形成一批以优势企业为核心、涵盖全产业链的装配式建筑产业集群。

## 三、重点工作

（一）培育市场实施主体。各县、区（含秦皇岛经济技术开发区、北戴河新区，下同）要扶持或引进一批符合建筑产业现代化要求的设计、部品生产、建造施工和装备制造企业，有条件的要规划建设建筑产业现代化园区。重点支持集设计、生产、施工于一体的国家级和省级建筑产业现代化基地建设。

（二）加快推进示范项目建设。鼓励商业开发项目采用装配式建造方式。各县、区在推广建筑产业现代化中应积极开展试点示范，启动一批规模化示范项目。推进新农村低层装配式示范项目建设，提高农村住宅品质和建筑节能水平。推广期内可不按照装配式建造方式建设的项目（含面积较小的建筑或项目），应优先采用预制楼梯、叠合板、阳台、外墙板、内隔墙条板等成熟预制构件和成品门窗、成品阳台栏杆、轻钢龙骨石膏板隔墙、整体卫浴、整体厨房等装修装饰部品以及水、电、空调等专业集成部品或建设被动式超低能耗绿色建筑。

（三）推广适用技术。积极推行产业化建筑设计的标准化、模数化、精细化和一体化。大力推广装配式混凝土结构、钢结构以及其他符合建筑产业现代化标准、技术规范的建筑体系。鼓励建设单位采用菜单式和集体委托方式提供全装修成品房，逐步扩大商品住宅全装修比例。推动市级 BIM 技术平台的建立，支持在建筑设计、施工、运营全过程采用建筑信息模型（BIM）技术，逐步建立部品构件生产、安装和维护的可追溯信息记录。推进多种建筑技术的融合发展、集成应用。

（四）完善监管机制。研究制定建筑产业现代化项目招投标、施工图审查、工程计价、质量安全监督、工程验收等办法。加强装配式项目实施全过程控制和监管，加大生产施工过程质量检查，切实保障安全、抗震、保温、节能、耐用等性能。政府投资的建筑产业化项目应优先采用施工、构件生产一体化总承包模式。

## 四、政策支持

（一）加强用地支持。将建筑产业现代化园区和基地建设纳入相关规划，优先安排建设用地。加强对建筑产业现代化项目建设的用地保障，对具备建筑产业现代化条件的企业，优先安排国有投资项目进行试点。

（二）加大项目支持。政府投资建设的保障性住房项目，市、县（区）政府（管委）在确定项目建设单位时，将保障性住房标准化设计图集和建筑产业现代化技术要求作为授权委托书或招标文件的附件。社会投资配建、政府回购独立成栋的保障性住房项目，应采用装配式方式建设。采用装配式建造方式的商品住宅项目，在办理规划审批手续时，其外墙预制部分的建筑面积（不超过规划总建筑面积的 3%）可不计入成交地块的容积率。

（三）加大财税支持。采用装配式方式建设的保障性住房等国有投资项目，建造增量成本纳入建设成本。符合条件的建筑产业现代化园区、基地和企业享受战略性新兴产业、高新技术企业和创新型企业扶持政策。2020 年底以前，单条预制混凝土生产线设计年产构件在 2 万立方米以上或钢结构生产线年设计能力达到 2 万吨以上的，补助 50 万元；单条预制混凝土生产线设计年产构件在 4 万立方米以上或钢结构生产线年设计能力达到 4 万吨以上的，补助 80 万元。对装配率达到 30% 以上的非政府投资项目给予 80 ～ 150 元 / 平方米的补贴，单个项目最高补贴 1000 万元（具体补贴细则另行制定）。对农村自建装配式住宅按增量成本给予补贴。

企业销售自产的经认定列入《享受增值税即征即退政策的新型墙体材料

目录》的装配式预制复合墙板（体）材料，按现定享受增值税即征即退50%的政策。

（四）加大金融支持。对建设建筑产业现代化园区、基地、项目及从事技术研发等工作且符合条件的企业，金融机构要积极开辟绿色通道，加大信贷支持力度，提升金融服务水平。使用住房公积金贷款购买装配式建筑的商品房，公积金贷款额度最高可上浮20%。

（五）优化发展环境。装配式建筑原则上采用工程总承包模式，可按照技术复杂类工程项目招投标。在《河北省重污染天气应急预案》一级应急响应措施发布时，装配式建筑施工工地可不停工，但不得从事土石方挖掘、石材切割、渣土运输、喷涂粉刷等作业。

（六）确保运输畅通。各级公安和交通运输部门在职能范围内，对运输超大、超宽部品部件（预制混凝土及钢构件等）运载车辆，在运输、交通通畅方面给予支持。

## 五、保障措施

（一）加强组织领导。成立“秦皇岛市建筑产业现代化工作领导小组”，由市政府主管副市长任组长。建立联席会议制度，领导推进我市建筑产业现代化工作。领导小组办公室设在市城乡建设局。全市建筑产业现代化总体任务要分解到各县、区，并纳入全市绿色建筑工作考核体系，领导小组办公室负责年度目标考核。各县、区政府（管委）要成立相应的组织领导机构，结合全市发展目标和本辖区实际，制定年度落实方案，细化目标，落实责任，加大组织推进力度。

（二）加强项目建设。全市行政区域内所有商品房开发项目应按一定比例配建装配式建筑，具体比例由市领导小组办公室根据年度发展目标确定。同一开发单位在同一辖区开发的居住项目，可按项目总体配建装配式建筑比例，在一个项目中集中采用装配式方式建设。延期建设的项目（原则上不超过两个年度）由开发单位提供承诺材料，并确保项目能够按期实施。返迁安置房项目可暂不采用装配式方式建设，但返迁安置房项目中的公建部分应按照装配式方式建设。工业厂房、仓储设施原则上全面采用钢结构；市政桥梁、轨道交通、公交站点等适宜的新建市政基础设施项目，应用钢结构的比重达到75%以上；地下管廊项目应采用装配式方式建设；在合适的项目上推广现代木结构；启动一批钢结构住宅规模化示范项目。

（三）完善管理机制。各县、区政府（管委）和市有关部门要按照各自职能，建立健全建筑产业现代化的管理机制，加强建筑产业现代化工作的管理和推进。发改、财政、规划、国土、建设、住房保障和房管等部门结合各自实际，根据建筑产业现代化工作需要，在审查、审批等环节严格把关，强化措施，提供支持，齐抓共管，协调联动，切实将推进建筑产业现代化工作落到实处。

发展和改革部门在项目立项和可行性研究报告评审中要督促落实建筑产业化内容。建设行政主管部门在规划行政主管部门征询绿色建筑规划控制要求时，应同时明确提出是否实施建筑产业化的意见，由规划行政主管部门纳入规划条件中。国土资源行政主管部门按照规划条件在建设用地使用权出让公告中进行公示，并在《土地使用权出让合同书》中明确约定。

（四）强化技术指导。由市城乡建设局牵头组建市建筑产业现代化专家委员会，负责参与研究和制订建筑产业现代化技术政策、发展规划以及重大科技项目的选题论证。建立专家指导论证机制，对装配式建筑项目进行技术论证。对于有专业技术要求或地理环境限制，以及其他特殊使用要求的项目，经组织专家论证，确实不适合采用装配式方式建设的，可按传统方式建造。同时，专家论证意见，作为建筑项目享受优惠政策和超出现行规范标准的项目办理施工图审查、施工许可、竣工验收备案的依据。

（五）加强宣传培训。开展技术培训，培养专业人才。促进建筑产业现代化企业与相关高校、职业教育机构合作，培养实用技术人员。凡符合我市引智要求的装配式专家人才，按照我市有关规定享受相关待遇，为建筑产业现代化发展提供人才保障。

加强宣传力度，提高社会认知。大力宣传建筑产业现代化的重要意义，让公众更全面了解建筑产业现代化对提升建筑品质、宜居水平、环境质量的作用，提高建筑产业现代化在社会中的认知度、认同度，为我市大力推进建筑产业现代化营造良好氛围。

（六）建立惩戒问责机制。对于不执行装配式相关要求的开发单位，由市建设行政主管部门纳入房地产开发失信企业“黑名单”。对于调整、变更或取消采用装配式方式建设的项目，各级各部门要严格审核、把好关口。对因政策把握不准、标准审核不严、不作为、慢作为造成严重后果的，严肃追查问责。